二狗妈妈的小厨房之

蛋糕与蛋糕卷

乖乖与臭臭的妈　编著

辽宁科学技术出版社
·沈阳·

图书在版编目（CIP）数据

二狗妈妈的小厨房之蛋糕与蛋糕卷／乖乖与臭臭的妈编著.—沈阳：辽宁科学技术出版社，2017.1（2017.7重印）
ISBN 978-7-5591-0019-1

Ⅰ.①二…　Ⅱ.①乖…　Ⅲ.①蛋糕—糕点加工　Ⅳ.①TS213.23

中国版本图书馆CIP数据核字（2016）第285397号

出版发行：辽宁科学技术出版社
（地址：沈阳市和平区十一纬路25号　邮编：110003）
印 刷 者：沈阳市精华印刷有限公司
经 销 者：各地新华书店
幅面尺寸：170 mm × 240 mm
印　　张：15
字　　数：300 千字
出版时间：2017 年 1 月第 1 版
印刷时间：2017 年 7 月第 5 次印刷
责任编辑：卢山秀
封面设计：魔杰设计
版式设计：晓　娜
责任校对：李　霞

书　　号：ISBN 978-7-5591-0019-1
定　　价：49.80 元

您好！无论您出于什么原因，打开了这本书，

我都想对您说一声

谢谢！

写给您的一封信

翻开此书的您：

我常常自称“半吊子”，因为从来没有参加过正规培训，也没有接触过专业老师。我在微博上分享的每一道食物方子，都是在实操过程中，自己慢慢摸索出来的。分享到微博上，初衷是为了记录自己的成长，没想到会有很多朋友非常喜欢。转眼间，微博已开通 4 年，积累的方子越来越多，很多朋友鼓励我把方子整理出来出书，可以分享给更多热爱美食的人。就我这“半吊子”水平，可以出书吗？我写的书会有人看吗？怀着非常忐忑的心情，我开始了“二狗妈妈的小厨房”丛书的准备。

我对蛋糕的记忆还停留在小时候，过年走亲访友，都会提上一个粉色的有好多奶油花那种的蛋糕，那时候没有冰箱，就放在室温，好多天都不会坏。小时候的我，特别盼望人家来我家做客的时候能提这么一个蛋糕，我觉得非常好吃，每次都把蛋糕托上的奶油用勺子认真刮干净吃掉。

现在会做蛋糕了，才知道之前吃的那个蛋糕多么糟糕，奶油一定是植物性奶油，蛋糕坯子也一定加了大量防腐剂，甜味来源也一定是糖精。

我们不如自己动手做蛋糕吧，最起码用的材料安全放心呀，我也是零基础学起的，不如您跟着这本书也学起来吧！

本书包含了74种各式蛋糕的制作过程，分为小蛋糕、切块蛋糕、戚风蛋糕、乳酪蛋糕、磅蛋糕、基础蛋糕卷、彩绘蛋糕卷、无糖蛋糕、无油蛋糕卷、免烤蛋糕、生日蛋糕，共 11 个种类。只要跟着图片和说明，一步一步来，您也可以做出和书上一样好吃的蛋糕。相信我，真的不难，因为难度大的我也不会……

我是上班族，只能在下班后和周末才有时间，而且条件有限，做出的成品只能在摄影灯箱里拍摄，如果您觉得成品的图片不够漂亮，还请您多原谅！本书所有图片均由我先生全程拍摄，个中辛苦只有我最懂得。关键是，他之前从来没有拿过单反相机呀。衷心感谢先生的全力支持和默默付出！

感谢辽宁科学技术出版社，谢谢你们这么信任我，让我这个非专业人士完成了出书的一个梦想，感谢每一位参与“二狗妈妈的小厨房”丛书的工作人员。

感谢所有爱我的人，包括我的领导、同事、朋友、邻居、粉丝，还有家人，没有你们的关爱和支持，就没有这套书的诞生。你们给予我的鼓励，让我有了前进的勇气；你们给予我的支持，让我有了努力的动力。尤其是我的家人，毫无保留地支持我，公婆不让我们过去探望，父亲生病住院不告诉我，都是怕影响书的制作进度……这就是最亲最亲的人，最爱最爱我的人呀！

最后，我想说，“二狗妈妈的小厨房”丛书承载了太多太多的爱，单凭我一个人是绝对不可能完成的。感谢、感恩已不足以表达我的心情，只有把最真诚的祝福送给您！

祝您健康！快乐！幸福！平安！

乖乖与臭臭的妈：

2016 年岁末

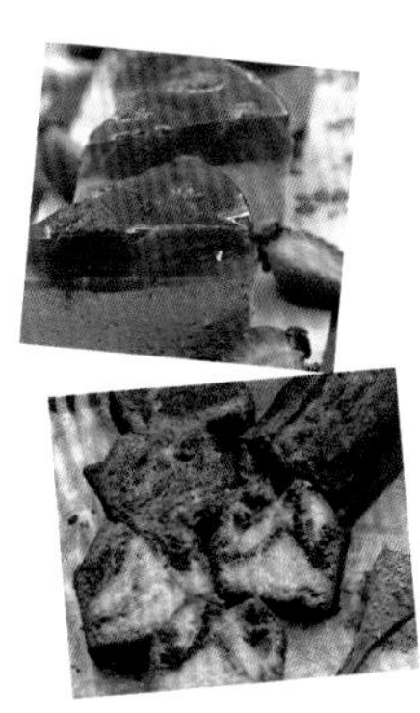

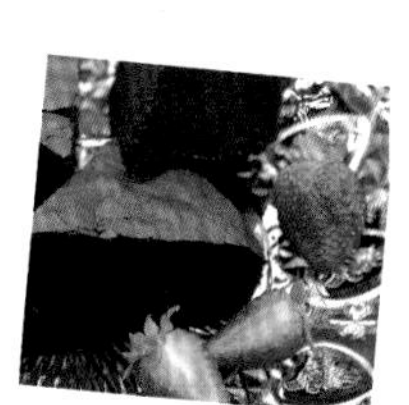

目录

CHAPTER 7　彩绘蛋糕卷

CHAPTER 8　无糖蛋糕

CHAPTER 9　无油蛋糕卷

CHAPTER 1

小蛋糕

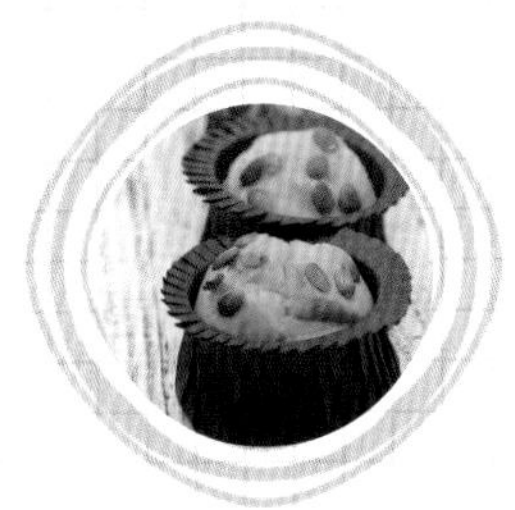

在我的概念里，体积小的蛋糕就是小蛋糕，那种类就会很多啦。在这一章里，我特意挑选了 9 款制作简单的小蛋糕，可以说，只要您根据步骤图做下来，一定不会失败的。

不信吗？做起来，试试看！

特别说明：本书所有方子所用鸡蛋大小约为带壳 65 克，蛋液约为 55 克，鸡蛋大小上下浮动的克重不要超过 3 克，这样就不会影响效果咯！

香蕉的独特香气和蔓越莓干的酸甜很配哟……

AOLIAOXIANGJIAOMANYUEMEIMAFEN

奥利奥香蕉蔓越莓玛芬

◎ 原料 YUANLIAO

熟香蕉 200 克
玉米油 50 克
糖 40 克
鸡蛋 2 个
低筋面粉 150 克
全麦面粉 30 克
无铝泡打粉 5 克
蔓越莓干 30 克
奥利奥饼干 6 块

模具：
中号纸杯 6 个

◎ 做法 ZUOFA

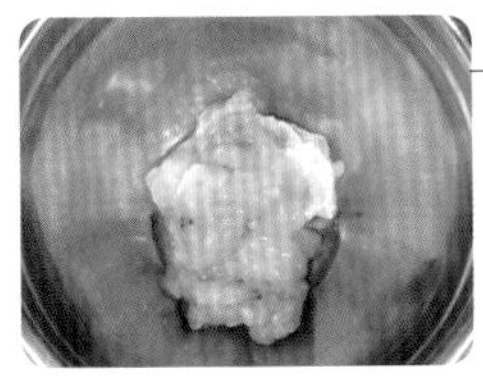

1. 200 克熟香蕉压成泥，放入盆中。

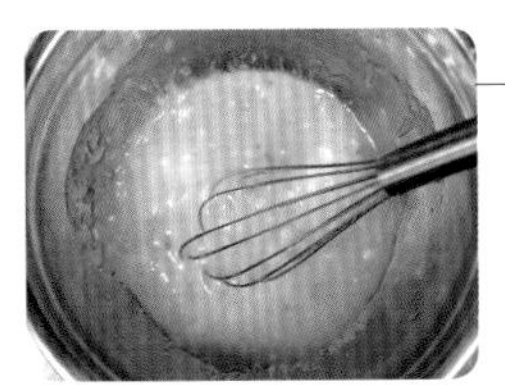

2. 加入 50 克玉米油、40 克糖，搅拌均匀。

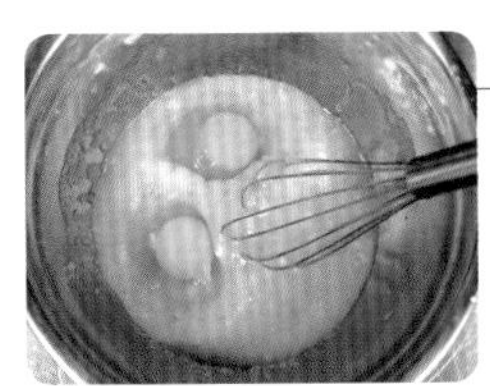

3. 加入 2 个鸡蛋，搅拌均匀。

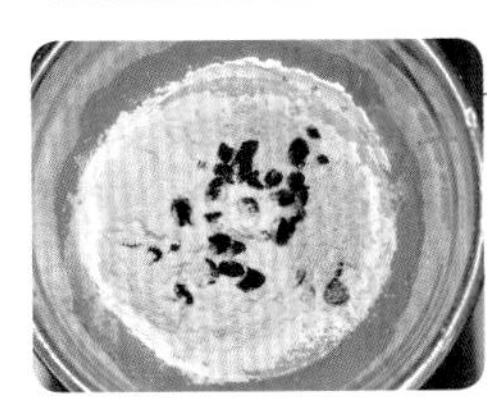

4. 再加入 150 克低筋面粉、30 克全麦面粉、5 克无铝泡打粉、30 克蔓越莓干。

5. 用刮刀拌匀至无干粉状态就可以了。

6. 装入纸杯，表面放一块奥利奥饼干。

7. 送入预热好的烤箱，中下层，上下火，180 摄氏度烘烤 30 分钟。

二狗妈妈碎碎念

1. 香蕉要用表面有一些黑点的，那样的香蕉熟透了，香气更浓郁。
2. 奥利奥饼干也可以不放。
3. 全麦面粉可以用等量低筋面粉替换。
4. 第 5 步骤中，不要过度搅拌。

NANGUAPUTAOGANMAFEN

南瓜葡萄干玛芬

南瓜独有的淡淡清甜在口中蔓延……

◎ 原料 YUANLIAO

南瓜泥 140 克
玉米油 50 克
糖 50 克
鸡蛋 2 个
低筋面粉 170 克
无铝泡打粉 5 克
葡萄干 40 克
南瓜子仁适量

模具：
中号纸杯 7 个

◎ 做法 ZUOFA

1. 将 140 克蒸熟凉透的南瓜泥放入盆中。

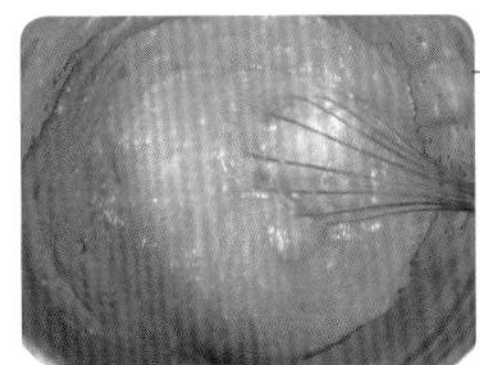

2. 加入 50 克玉米油、50 克糖，搅拌均匀。

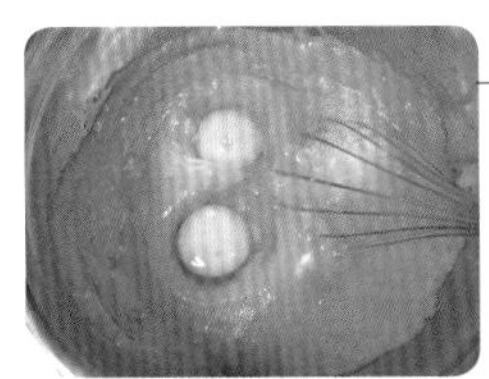

3. 加入 2 个鸡蛋，搅拌均匀。

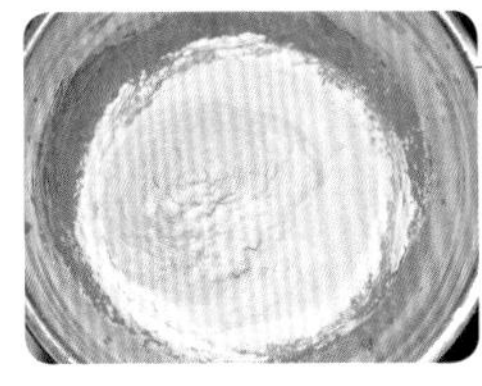

4. 筛入 170 克低筋面粉、5 克无铝泡打粉。

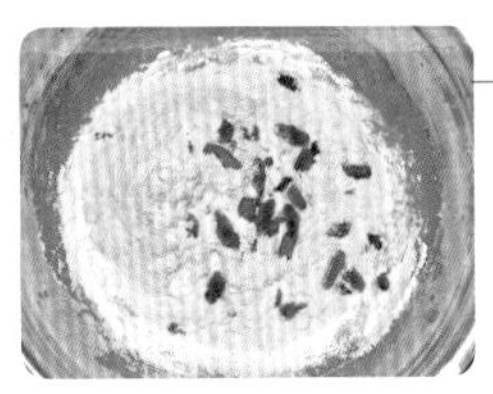

5. 加入 40 克洗净的葡萄干。

6. 用刮刀拌匀，无干粉状态就可以了。

7. 装入纸杯中，表面装饰南瓜子仁。

8. 送入预热好的烤箱，中下层，上下火，180 摄氏度烘烤 30 分钟。

二狗妈妈碎碎念

1. 南瓜泥要凉透再用哟。
2. 葡萄干可以用您喜欢的果干替换。
3. 玉米油可以用熔化的无盐黄油替换，香气会更浓郁哦。

QIAOKELIMAFEN

巧克力玛芬

浓郁的巧克力，绝对是治愈系，吃一口，心情就会悄悄好起来……

◎ 原料 YUANLIAO

低筋面粉 160 克
可可粉 20 克
盐 3 克
无铝泡打粉 5 克
苏打粉 1 克
鸡蛋 2 个
糖 60 克
牛奶 150 克
玉米油 60 克
耐高温巧克力豆约 70 克

模具：
中号纸杯 8 个

二狗妈妈碎碎念

1. 耐高温巧克力豆可以用您喜欢的果干替换。
2. 纸杯大小不同，烘烤时间也略有不同，要根据自家实际情况调整烘烤时间哟。

◎ 做法 ZUOFA

1. 160 克低筋面粉、20 克可可粉放入盆中。

2. 加入 3 克盐、5 克无铝泡打粉、1 克苏打粉，搅拌均匀。

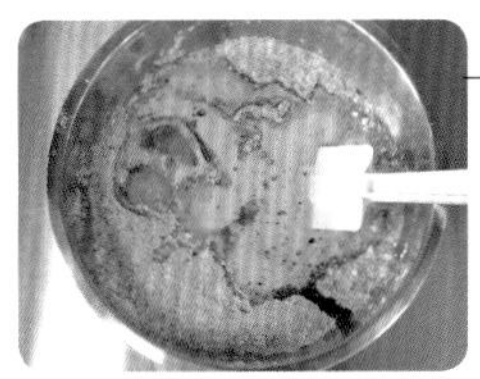

3. 加入 2 个鸡蛋、60 克糖、150 克牛奶、60 克玉米油。

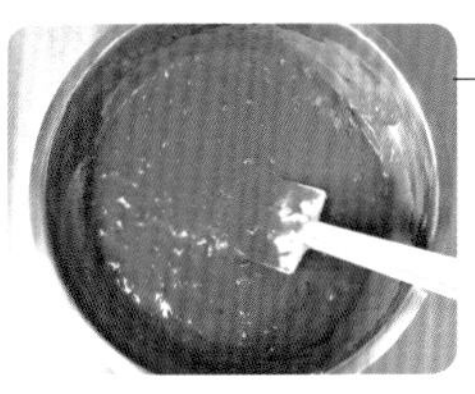

4. 搅拌至无干粉状态就可以了，不要过度搅拌。

5. 抓一把耐高温巧克力豆（约 50 克），搅拌均匀。

6. 装入纸杯。

7. 表面再撒些巧克力豆。

8. 送入预热好的烤箱，180 摄氏度烘烤 30 分钟。

HEIZHIMAXIAODANGAO

黑芝麻小蛋糕

两口一个，再不抢就没有啦……

◎ 原料 YUANLIAO

鸡蛋 3 个
玉米油 20 克
低筋面粉 30 克
黑芝麻粉 15 克
黑芝麻少许
糖 30 克

模具：
小号纸杯 8 个

◎ 做法 ZUOFA

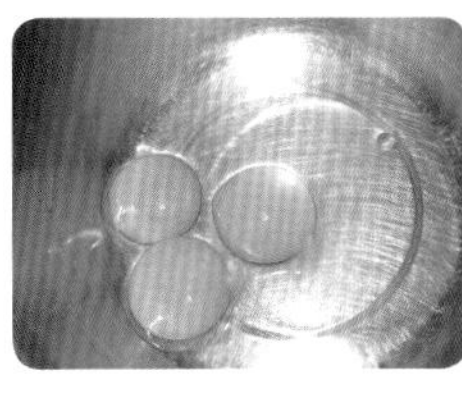

1. 1 个鸡蛋、2 个蛋黄放入盆中。

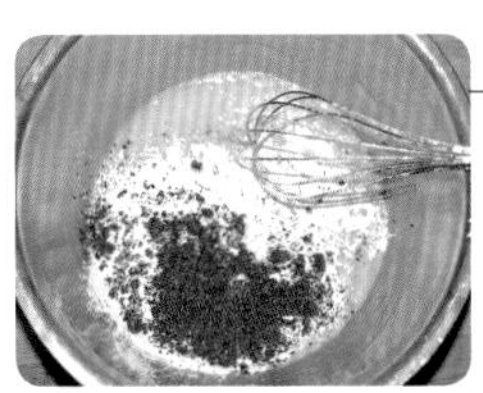

2. 加入 20 克玉米油搅匀后，再加入 30 克低筋面粉、15 克黑芝麻粉。

3. 搅拌均匀备用。

4. 2 个蛋清加入 30 克糖打发到硬性发泡（提起打蛋器，有短而坚挺的小角）。

5. 挖一勺蛋清到黑芝麻糊中。

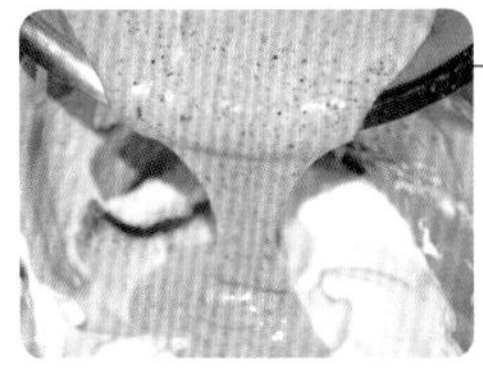

6. 翻拌均匀后，将面糊倒入蛋清盆。

7. 翻拌均匀。

8. 倒入小号纸杯中，表面撒黑芝麻装饰。

9. 送入预热好的烤箱，120 摄氏度烘烤 20 分钟转 150 摄氏度烘烤 20 分钟，再闷 10 分钟后出炉。

二狗妈妈碎碎念

1. 为了使小蛋糕表皮不开裂，先用 120 摄氏度烘烤 20 分钟，再用 150 摄氏度烘烤 20 分钟，再闷 10 分钟再出炉。
2. 稍有点儿塌馅是正常现象哟。

QIAOKELIRONGYANXIAODANGAO
巧克力熔岩
小蛋糕
趁热把蛋糕切开来，哇哦，有诱
人的夹心流出来……

◎ 原料 YUANLIAO

夹心：
淡奶油 80 克
黑巧克力碎 80 克

蛋糕：
黑巧克力 160 克
无盐黄油 160 克
糖 80 克
鸡蛋 4 个
低筋面粉 60 克
可可粉 10 克

模具：
中号纸杯 10 个

二狗妈妈碎碎念

1. 鸡蛋一定要用常温的哟。
2. 趁热吃才会有“熔岩”的效果，凉了再吃夹心就变硬啦。

◎ 做法 ZUOFA

1. 80 克淡奶油加 80 克黑巧克力碎放入小锅中。

2. 小火加热至黑巧克力熔化，放凉后送入冰箱冷藏至凝固。

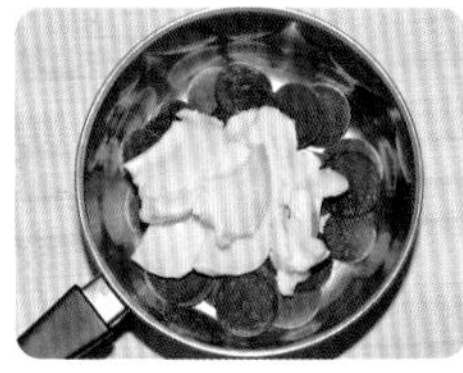

3. 160 克黑巧克力加 160 克无盐黄油，放入小锅中。

4. 小火加热至熔化后，加入 80 克糖，搅拌均匀。

5. 准备好 4 个常温的鸡蛋。

6. 一个一个地加入巧克力与黄油混合物中，每加入一个鸡蛋都要快速搅拌均匀，再加入下一个。

7. 搅拌均匀后筛入 60 克低筋面粉、10 克可可粉。

8. 搅拌均匀，装入裱花袋。

9. 先在中号纸杯中挤入面糊，只挤模具的一半容量就可以。

10. 把之前冷藏的巧克力挖一勺放在中号纸杯的蛋糊中间。

11. 再用面糊盖住巧克力馅。

12. 送入预热好的烤箱，中下层，上下火，180 摄氏度烘烤 20 分钟，出炉要趁热吃哟。

SONGZIRENMADELINXIAODANGAO
松子仁玛德
琳小蛋糕
一个一个的小贝壳，
可爱极了……

◎ 原料 YUANLIAO

鸡蛋 2 个
糖 40 克
低筋面粉 100 克
无铝泡打粉 3 克
无盐黄油 100 克
松子仁 30 克
涂抹模具的黄油少许

模具：
玛德琳专用贝壳模具

二狗妈妈碎碎念

1. 拌面糊时尽量不要画圈搅拌。
2. 松子仁可以用您喜欢的任何干果替换。
3. 面糊送入冰箱冷藏到略浓稠即可。
4. 无盐黄油请提前隔热水熔化备用。

◎ 做法 ZUOFA

1. 2 个鸡蛋放入盆中，加入 40 克糖。

2. 充分搅拌均匀。

3. 筛入 100 克低筋面粉、3 克无铝泡打粉。

4. 搅拌均匀。

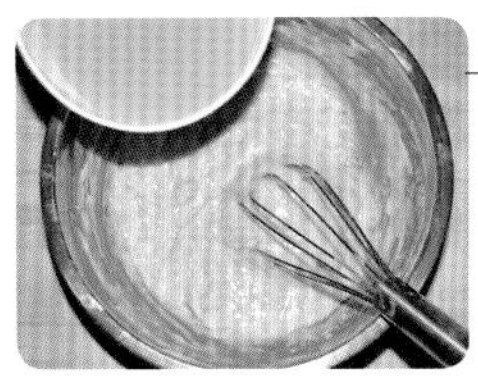

5. 加入 100 克熔化的无盐黄油。

6. 搅拌均匀后加入 30 克松子仁，再次搅拌均匀后盖好，送入冰箱冷藏 20 分钟至面糊略浓稠。

7. 贝壳模具抹黄油备用。

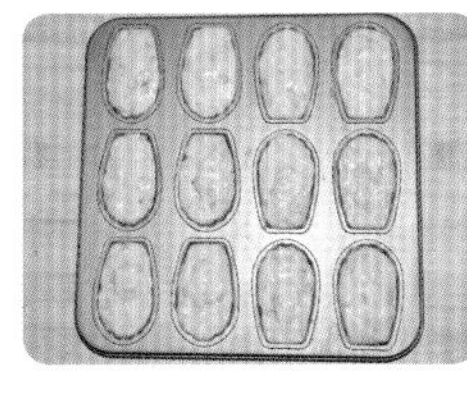

8. 面糊从冰箱取出后，搅拌均匀，把面糊倒入裱花袋，挤入模具中。

9. 送入预热好的烤箱，中下层，上下火，180 摄氏度烘烤 13 分钟左右。

WUYOUFENGMIXIAODANGAO

无油蜂蜜小蛋糕

简简单单的3种原料，竟然做出了很好吃的蜂蜜蛋糕……

◎ 原料 YUANLIAO

鸡蛋 3 个
蜂蜜 50 克
中筋面粉 80 克

模具：
蛋糕连模 12 连盘
油纸托 12 个

◎ 做法 ZUOFA

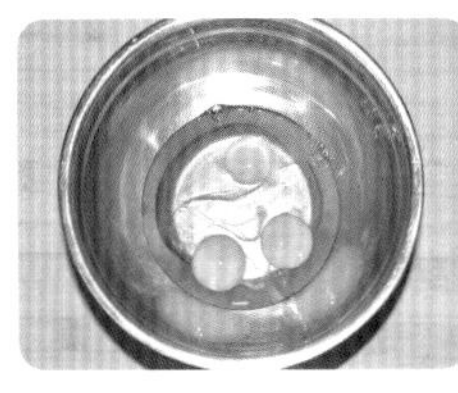

1. 3 个鸡蛋放入盆中，加入 50 克蜂蜜。

2. 隔 40 摄氏度热水打发，一直打到有纹路，且纹路不消失的状态。

3. 筛入 40 克中筋面粉。

4. 翻拌均匀。

5. 再筛入 40 克中筋面粉。

6. 再翻拌均匀。

7. 把面糊装入裱花袋，挤入模具中的油纸托里（一共做了 12 个）。

8. 送入预热好的烤箱，中下层，上下火，180 摄氏度烘烤 13 分钟左右。

二狗妈妈碎碎念

1. 打发鸡蛋时一定要隔热水再打发。
2. 趁热脱模，趁热吃，口感更好哟。
3. 没有蛋糕模具和油纸托也没关系，可以用硬质纸杯替换。
4. 我用的是中筋面粉，您也可以用低筋面粉等量替换。

XIANGJIAOXIAODANGAO

香蕉小蛋糕

好朋友葩葩从日本给我带回来的香蕉小蛋糕，真的很好吃，我们可不可以复制出来？

◎ 原料 YUANLIAO

夹心：
香蕉泥 150 克
淡奶油 60 克
牛奶 60 克
糖 20 克
鸡蛋 1 个
玉米淀粉 20 克

蛋糕片：
鸡蛋 4 个
玉米油 30 克
牛奶 60 克
低筋面粉 60 克
糖 30 克

模具：
28 厘米 ×28 厘米正方形烤盘

二狗妈妈碎碎念

1. 煮香蕉馅的时候一定要用小火哟。
2. 没有合适的油纸可以用成卷的白色油纸，分开成大小合适的方块就可以啦。

◎ 做法 ZUOFA

1. 150 克香蕉泥放入小锅中，加入 60 克淡奶油、60 克牛奶、20 克糖、1 个鸡蛋、20 克玉米淀粉。

2. 小火加热，边加热边搅拌，一直到非常浓稠的状态离火。

3. 放凉后装入裱花袋，备用。

4. 28 厘米 ×28 厘米正方形烤盘铺油布备用，烤箱 190 摄氏度预热。

5. 将 4 个鸡蛋分开蛋清、蛋黄，蛋清盆中一定无油无水。

6. 蛋黄盆中加入 30 克玉米油。

7. 搅拌均匀后加入 60 克牛奶。

8. 搅拌均匀后筛入 60 克低筋面粉。

9. 搅拌均匀，备用。

10. 蛋清盆中加入 30 克糖打发，至提起打蛋器，打蛋头上有个长一些的弯角。

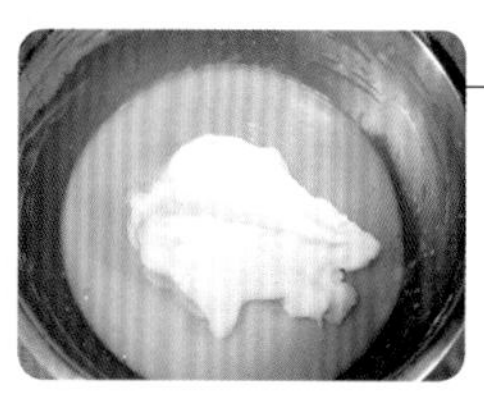

11. 挖一大勺蛋清到蛋黄盆中。

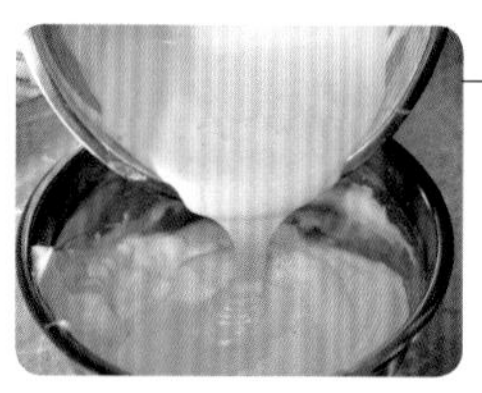

12. 翻拌均匀后再倒入蛋清盆。

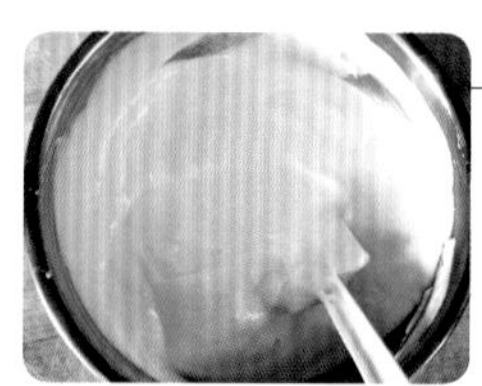

13. 翻拌均匀。

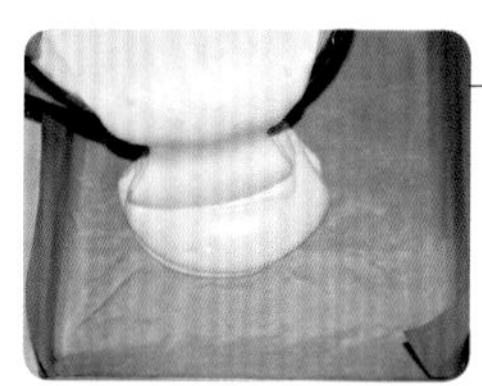

14. 倒入烤盘中。

15. 抹平表面后，震出大气泡，送入预热好的烤箱，中层，上下火，190 摄氏度烘烤 12 分钟。

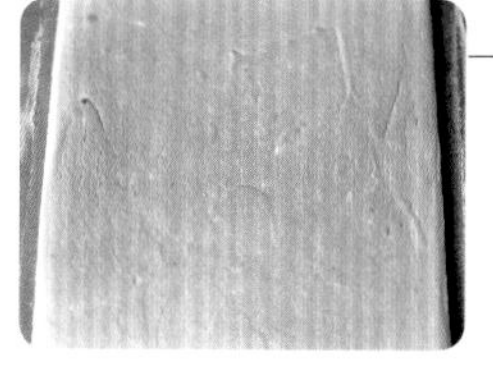

16. 出炉立即揪着油布边把蛋糕片移到凉网上。

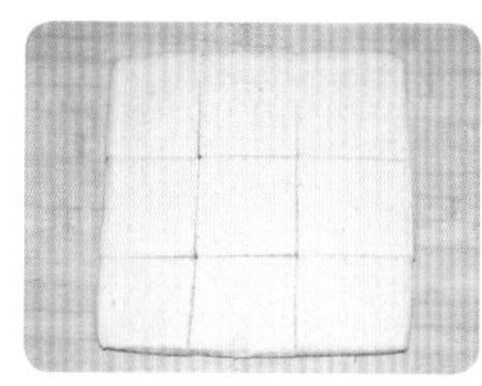

17. 凉透后翻面，撕去油布，把蛋糕片移到案板上，分成 9 块。

18. 把每一块蛋糕去除表皮，片成两片。

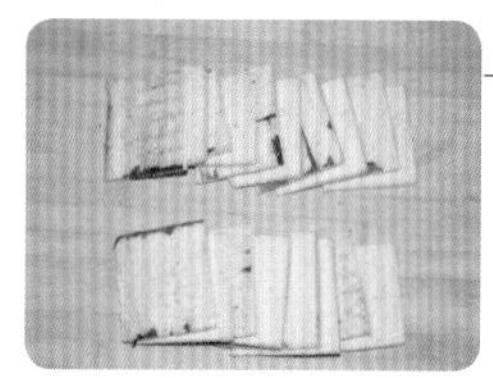

19. 所有蛋糕都片好，一共有 18 片蛋糕哟。

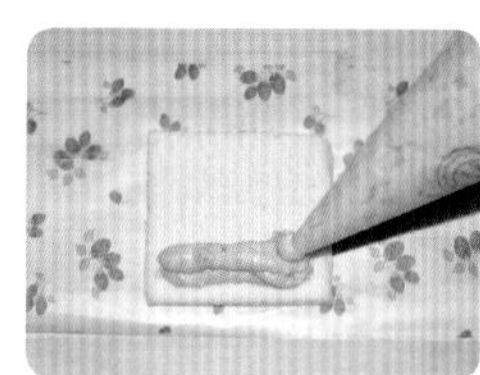

20. 取一块油纸，裁成合适大小，取一块蛋糕放在油纸上，把香蕉馅挤在靠自己这边的位置。

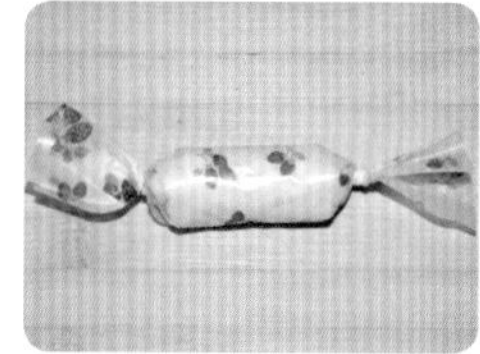

21. 卷起来，用油纸包好，两端拧紧，定型 30 分钟后就可以食用啦。

QIAOKELIRULAOXIAODANGAO

巧克力乳酪小蛋糕

这款小蛋糕做好后，我带给好朋友糊糊，赶巧她晚上和同学聚会，爱分享的她拿给同学尝，瞬间俘获人家的心……

◎ 原料 YUANLIAO

夹心：
黑巧克力 100 克
糖 20 克
奶油奶酪 100 克
淡奶油 50 克

蛋糕片：
鸡蛋 4 个
玉米油 30 克
牛奶 60 克
低筋面粉 50 克
可可粉 10 克
糖 40 克

模具：
28 厘米 ×28 厘米
正方形烤盘

二狗妈妈碎碎念

1. 熔化巧克力要隔热水加热，温度不能过高。
2. 没有合适的油纸可以用成卷的白色油纸，分开成大小合适的方块就可以啦。

◎ 做法 ZUOFA

1. 28 厘米 ×28 厘米正方形烤盘铺油布备用，烤箱 190 摄氏度预热。

2. 将 4 个鸡蛋分开蛋清、蛋黄，蛋清盆中一定无油无水。

3. 蛋黄盆中加入 30 克玉米油。

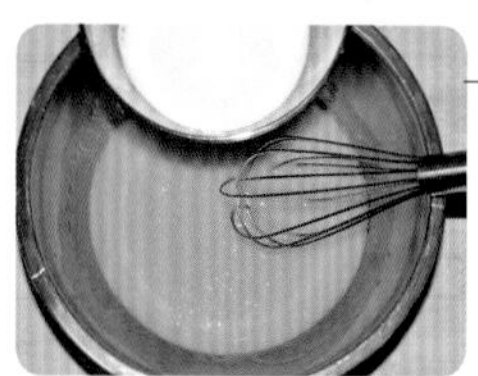

4. 搅拌均匀后加入 60 克牛奶。

5. 筛入 50 克低筋面粉、10 克可可粉。

6. 搅拌均匀，备用。

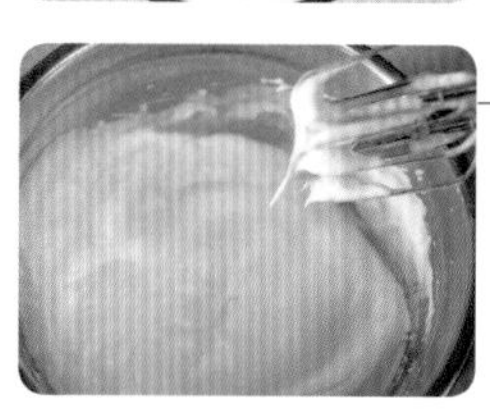

7. 蛋清盆中加入 40 克糖打发，至提起打蛋器，打蛋头上有个长一些的弯角。

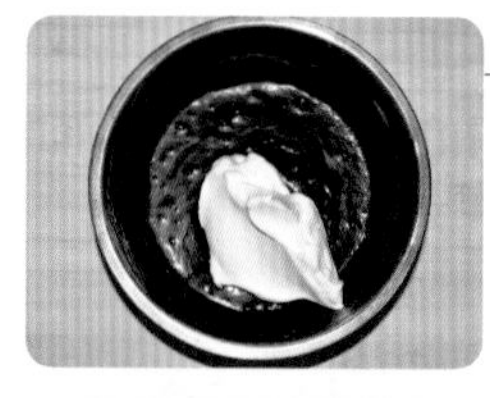

8. 挖一大勺蛋清到蛋黄盆中。

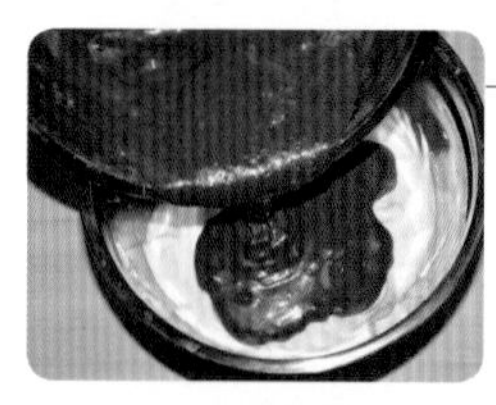

9. 翻拌均匀后倒入蛋清盆。

10. 再翻拌均匀。

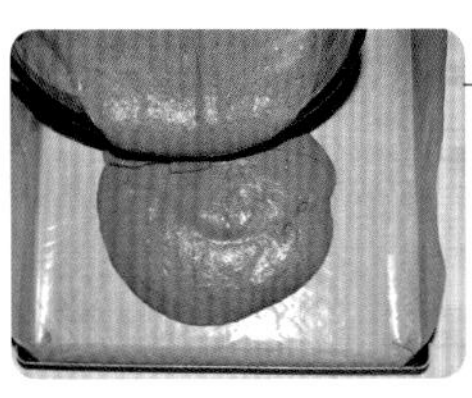

11. 倒入烤盘。

12. 抹平表面后，震出大气泡，送入预热好的烤箱，中层，上下火，190 摄氏度烘烤 12 分钟。

13. 出炉立即揪着油布边把蛋糕片移到凉网上。

14. 放凉后翻面，切成 2 块。

15. 100 克黑巧克力加 20 克糖隔热水熔化。

16. 100 克室温软化的奶油奶酪放入盆中，把黑巧克力倒入盆中。

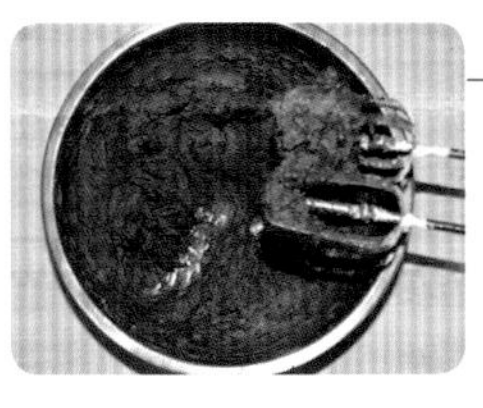

17. 再加入 50 克淡奶油，用打蛋器搅拌均匀。

18. 在一片蛋糕上抹上巧克力乳酪馅。

19. 把另外一片蛋糕盖在抹了馅的蛋糕片上。

20. 修掉边角后，把蛋糕切成 16 块。

21. 取一张合适的油纸。

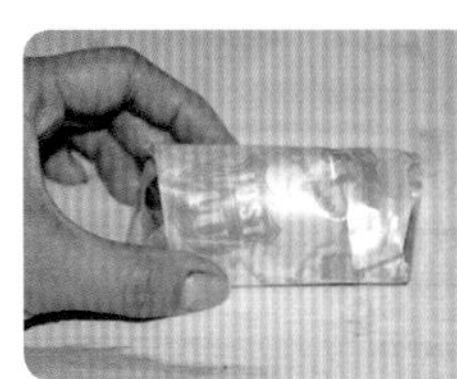

22. 把蛋糕包起来。

23. 贴一个长一些的封口贴，粘紧油纸。

CHAPTER 2

切块蛋糕

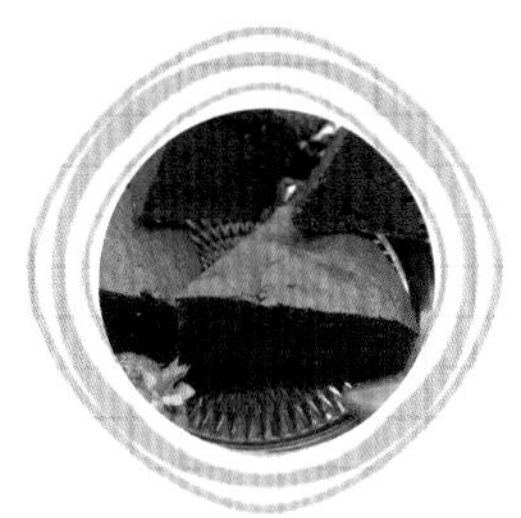

切块蛋糕，是我自己的定义，其实就是烤一个大一点的蛋糕，分切成块食用而已。

本章节的 5 款蛋糕，做法都不难，关键是携带方便，很多时候孩子上学会饿，大人上班会饿，如果是奶油蛋糕携带肯定不方便，也不易储存，而切块蛋糕可以装个袋塞进书包、塞进口袋，饿的时候拿出来吃几口，这种感觉真是棒极了……

其实，我就是那个没事儿给自己口袋里塞几块蛋糕的人……

SONGZIHETAOBULANGNIDANGAO

松子核桃布朗尼蛋糕

饿的时候，来一块布朗尼蛋糕吧，核桃松子仁的香气，让幸福感油然而生……

◎ 原料 YUANLIAO

黑巧克力 100 克
无盐黄油 100 克
红糖 100 克
鸡蛋 4 个
低筋面粉 100 克
可可粉 25 克
无铝泡打粉 5 克

配料：
松子仁约 100 克
核桃仁 9 颗

模具：
20 厘米 ×20 厘米
正方形蛋糕模具

二狗妈妈碎碎念

1. 熔化巧克力时要注意别烫到手，戴上防烫手套，左手扶盆，右手拿刮刀搅拌，只要一熔化，就立即关火。
2. 如果您介意使用无铝泡打粉，可以不放，蛋糕口感会更扎实。
3. 松子仁和核桃仁都可以换成您喜欢的干果。

◎ 做法 ZUOFA

1. 20 厘米 ×20 厘米正方形蛋糕模具刷水后，铺油纸备用。

2. 100 克黑巧克力切碎放入盆中，加入 100 克无盐黄油、100 克红糖。

3. 隔水加热，边加热边搅拌，全部熔化就可以关火了。

4. 熔化好的巧克力如图所示。

5. 准备好 4 个鸡蛋。

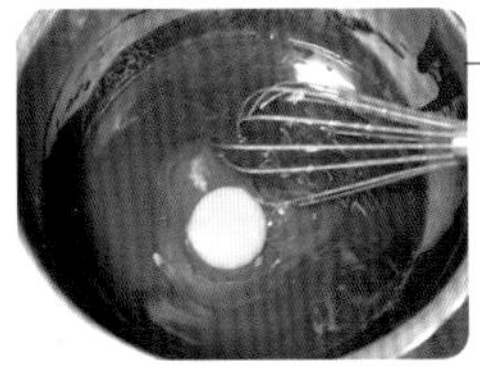

6. 把鸡蛋一个一个加入巧克力盆中，每加入一个搅拌均匀后再加入下一个。

7. 加入 4 个鸡蛋后的液体如图。

8. 筛入 100 克低筋面粉、25 克可可粉、5 克无铝泡打粉。

9. 再加入约 100 克松子仁（或者您喜欢的干果碎）。

10. 翻拌至无干粉状态就可以了。

11. 倒入铺好油纸的模具，抹平表面，摆放核桃仁（或者您喜欢的干果）。

12. 送入预热好的烤箱，中层，上下火，170 摄氏度烘烤 35 分钟，上色及时加盖锡纸。

我喜欢烘烤时候它散发出的巧克力香气，房间的每个角落都被填满……感觉好温暖……
NONGXIANGQIAOKELIDANGAO
浓香巧克力蛋糕

◎ 原料 YUANLIAO

黑巧克力 250 克
无盐黄油 80 克
鸡蛋 5 个
糖 60 克
朗姆酒 10 克
低筋面粉 80 克
无铝泡打粉 2 克

模具：
8 英寸圆形不粘蛋糕模具

◎ 做法 ZUOFA

1. 250 克黑巧克力加 80 克无盐黄油放入小锅中。

2. 隔热水将巧克力黄油熔化备用。

3. 将 5 个鸡蛋分开蛋清、蛋黄（蛋清盆内一定无油无水）。

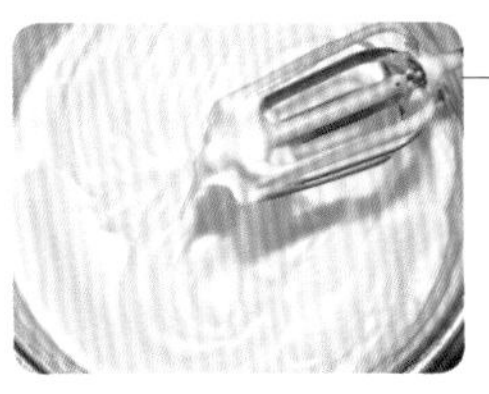

4. 5 个蛋清加入 60 克糖并打发，提起打蛋器，有短而尖的小角就可以啦。

5. 把蛋黄加进去，拌匀。

6. 将巧克力黄油倒入鸡蛋盆中。

7. 快速搅拌均匀后，倒入 10 克朗姆酒。

8. 搅拌均匀。

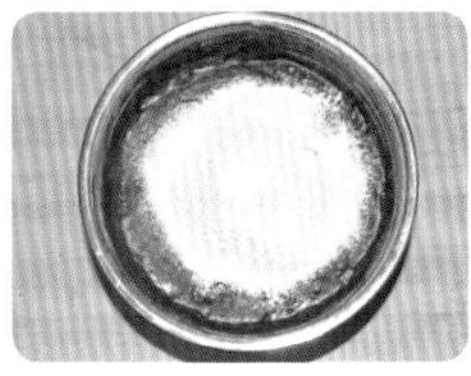

9. 筛入 80 克低筋面粉、2 克无铝泡打粉。

10. 搅拌均匀。

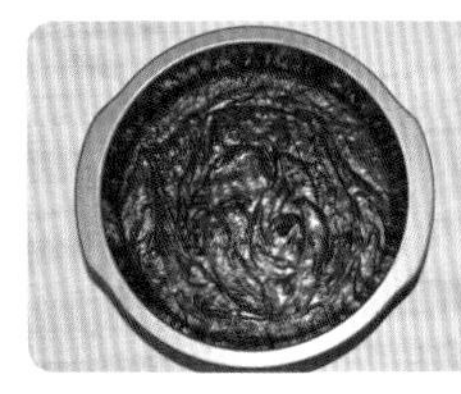

11. 倒入 8 英寸圆形不粘蛋糕模具中。

12. 送入预热好的烤箱，中下层，上下火，180 摄氏度烘烤 45 分钟，上色及时加盖锡纸。

二狗妈妈碎碎念

1. 如果您介意使用无铝泡打粉，本款蛋糕是可以不放的，没加无铝泡打粉的蛋糕口感会更扎实一些。
2. 可以把一些喜欢的果干加在面糊中。
3. 朗姆酒画龙点睛，不建议省略。如果孩子吃，那好吧，不加咯。

TANGMIANROUSONGDANGAO

烫面肉松蛋糕

一口咬下去，满口的肉香……带给同事吃，赞不绝口，都说这可比外面卖的有料多了……

◎ 原料 YUANLIAO

稠酸奶 100 克
玉米油 50 克
低筋面粉 70 克
鸡蛋 5 个
糖 40 克
肉松适量
白芝麻适量

模具：
20 厘米 ×20 厘米正方形蛋糕模具

二狗妈妈碎碎念

1. 冷藏后的鸡蛋清更好打发，不要打得过硬，随时观察打发状态，提起打蛋器，是一个长一些、弯一些的尖角哟。
2. 肉松选用您喜欢的口味，不一定非用猪肉松，还可以是牛肉松、鸡肉松或鱼肉松哟。
3. 不喜欢酸奶口味的，可以用 80 克牛奶替换。
4. 如果喜欢口味更浓郁的，那用 50 克黄油替换玉米油。

◎ 做法 ZUOFA

1. 100 克稠酸奶倒入小锅中，加入 50 克玉米油。

2. 搅拌均匀后用小火煮开。

3. 立即加入 70 克低筋面粉。

4. 搅拌均匀，放凉。

5. 加入 1 个全蛋搅匀。

6. 再加入 4 个蛋黄。

7. 搅拌均匀，备用。

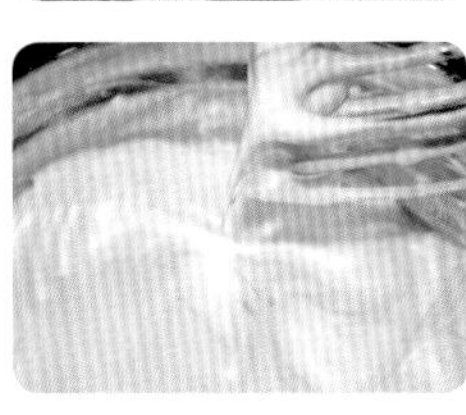

8. 4 个蛋清加入 40 克糖，打发至提起打蛋器有一个长弯角。

9. 挖一大勺蛋白到蛋黄糊中。

10. 翻拌均匀后倒入蛋白盆。

11. 翻拌均匀。

12. 20 厘米 ×20 厘米正方形蛋糕模具抹黄油后，底层先铺一层肉松。

13. 倒入一半面糊后，撒一层肉松。

14. 再倒入另一半面糊，表面再撒一层肉松，再撒一点白芝麻。

15. 送入预热好的烤箱，中下层，上下火，180 摄氏度烘烤 35 分钟，上色后及时加盖锡纸。

每每走到街上，总会被红枣糕的香气所吸引，那个香气闻到就会觉得特别温暖……自己做吧，货真价实，香味弥漫整个房间的感觉真是棒极了……
HONGTANGHONGZAODANGAO
红糖红枣蛋糕

◎ 原料 YUANLIAO

干红枣肉 150 克
水 500 克
红糖 80 克
中筋面粉 150 克
无铝泡打粉 3 克
鸡蛋 6 个
白糖 20 克
白芝麻适量

模具：
20 厘米 ×20 厘米
正方形蛋糕模具

二狗妈妈碎碎念

1. 红枣泥一定要煮得黏稠一些哟，凉透使用。
2. 无铝泡打粉不能省略，因为我们这款蛋糕枣泥比较沉，蛋白加入后也比较容易消泡，无铝泡打粉的加入能提高成功率哟。
3. 这款蛋糕我用的是中筋面粉，想让口感稍扎实一些，也可以用等量低筋面粉替换。
4. 蛋白中是否加糖是根据红枣甜度自行决定的。
5. 不要用不粘模具。

◎ 做法 ZUOFA

1. 剪出 150 克干红枣肉放入小锅中，加入 500 克水、80 克红糖。

2. 小火煮约 20 分钟，到非常黏稠的状态就可以关火了。

3. 放凉后更黏稠哟。

4. 把凉透的枣泥放入盆中。

5. 筛入 150 克中筋面粉、3 克无铝泡打粉。

6. 搅拌均匀后加入 6 个蛋黄。

7. 搅拌均匀，备用。

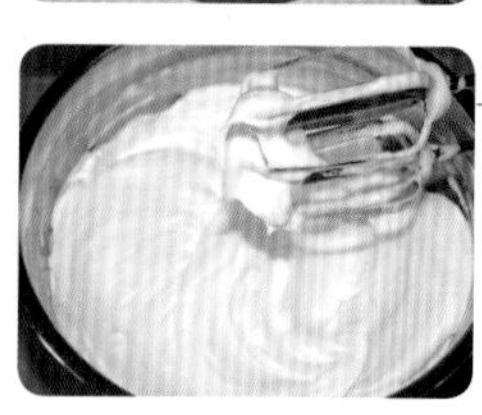

8. 6 个蛋清加 20 克白糖后打发至硬性发泡（提起打蛋器，有短而坚挺的小角）。

9. 挖一大勺蛋白到枣泥糊中。

10. 翻拌均匀后倒入蛋白盆。

11. 再翻拌均匀。

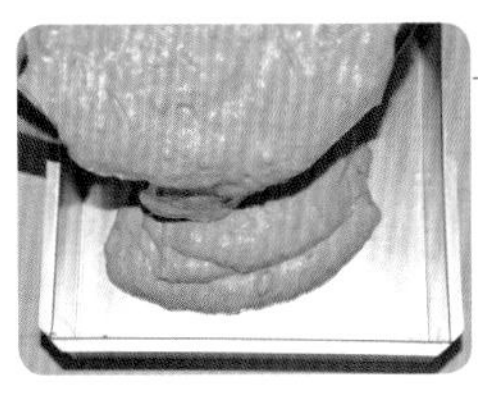

12. 倒入 20 厘米 ×20 厘米正方形蛋糕模具中。

13. 抹平表面，撒一层白芝麻。

14. 送入预热好的烤箱，中下层，上下火，170 摄氏度烘烤 60 分钟，上色后及时加盖锡纸。

DANNAIYOUXIANGJIAOKEKEHETAODANGAO

淡奶油香蕉可可核桃蛋糕

香蕉、淡奶油、可可、核桃，每一种食材都有着各自特殊的味道，融合在一起，更是奇妙……

◎ 原料 YUANLIAO

香蕉泥 170 克
鸡蛋 2 个
淡奶油 100 克
糖 60 克
低筋面粉 180 克
可可粉 20 克
无铝泡打粉 5 克
苏打粉 2 克
熟核桃仁碎 100 克

模具：
20 厘米 ×20 厘米正方形蛋糕模具

◎ 做法 ZUOFA

1. 170 克香蕉泥放入盆中。

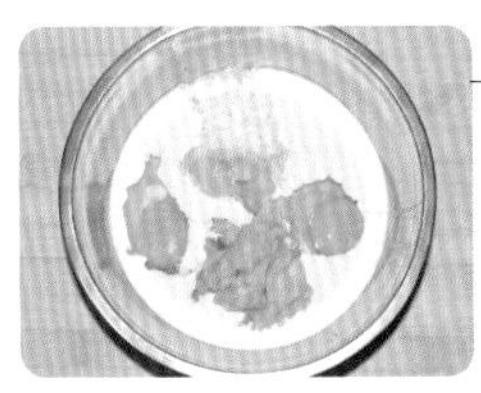

2. 加入 2 个鸡蛋、100 克淡奶油、60 克糖。

3. 充分搅拌均匀。

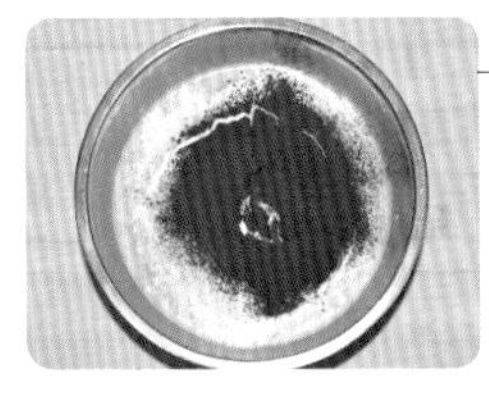

4. 筛入 180 克低筋面粉、20 克可可粉、5 克无铝泡打粉、2 克苏打粉。

5. 翻拌至无干粉状态，加入 100 克熟核桃仁碎。

6. 翻拌几下后倒入 20 厘米 ×20 厘米正方形蛋糕模具中（模具事先抹黄油防粘）。

7. 送入预热好的烤箱，中下层，上下火，180 摄氏度烘烤 30 分钟，上色及时加盖锡纸。

二狗妈妈碎碎念

1. 香蕉一定选用带有黑色斑点的，那样的香蕉熟透了，香气更浓郁。
2. 如果您介意使用无铝泡打粉，本款可以不放，蛋糕口感会更扎实。
3. 核桃仁可以换成您喜欢的干果。

戚风蛋糕

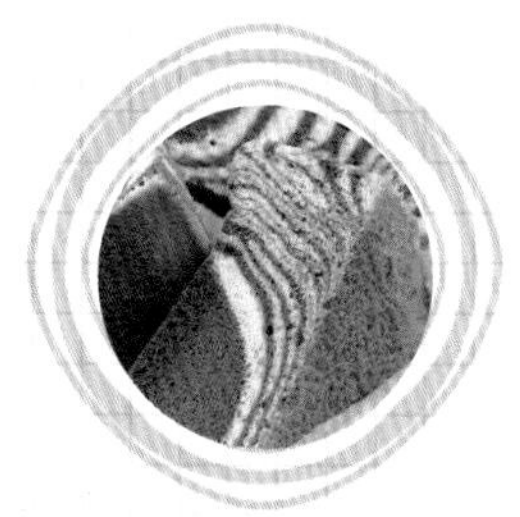
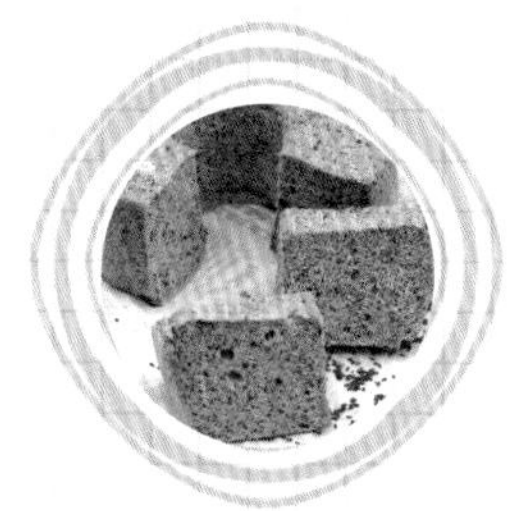
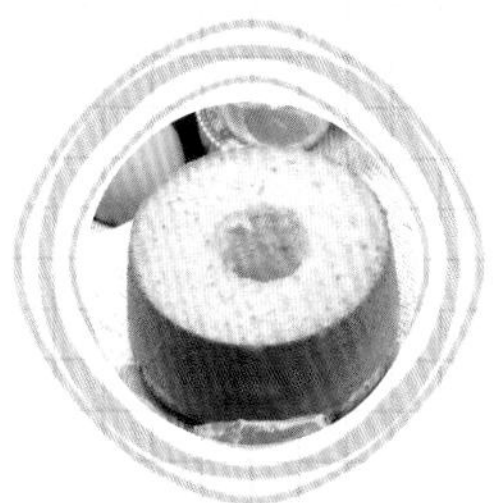

戚风蛋糕，也有人叫它“气疯”蛋糕，做法虽不难，但做好却不容易，以我非专业的水平，我做的戚风蛋糕确实不能和人家专业蛋糕师傅比，但您是不是和我一样，也曾经被这款蛋糕“气疯”过呢？也是零基础，不知道如何下手呢？

那么，别用专业的眼光来挑剔，只要我们做的戚风蛋糕很柔软、很好吃，这对我们的小家庭来说，就足够了，不是吗？

SUANNAIQIFENGDANGAO

酸奶戚风蛋糕

把酸奶做进蛋糕，口感更润，回味更香……

◎ 原料 YUANLIAO

稠酸奶 110 克
玉米油 50 克
低筋面粉 100 克
鸡蛋 5 个
糖 50 克

模具：
8 英寸圆形活底蛋糕模具

二狗妈妈碎碎念

1. 不可以用不粘模具哟。
2. 开裂的蛋糕并不代表不成功，如果非常介意表面的裂口，那就 130 摄氏度烘烤 70 ~ 80 分钟。
3. 酸奶要用稠酸奶，如果比较稀，那就减少用量，不喜欢酸奶可以换牛奶，75 ~ 80 克就可以啦。

◎ 做法 ZUOFA

1. 110 克稠酸奶、50 克玉米油倒入盆中，搅拌均匀。

2. 筛入 100 克低筋面粉。

3. 搅拌均匀。

4. 将 5 个鸡蛋分开蛋清、蛋黄，蛋黄直接打入酸奶盆中，蛋清盆中一定无油无水。

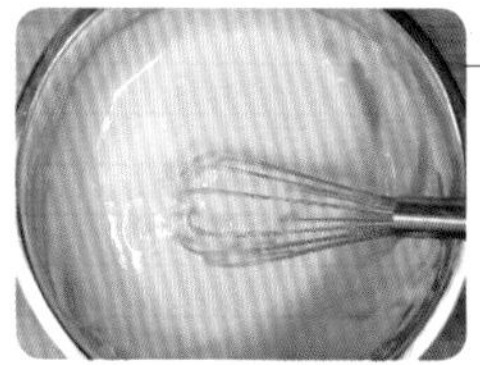

5. 蛋黄盆中搅拌均匀，备用。

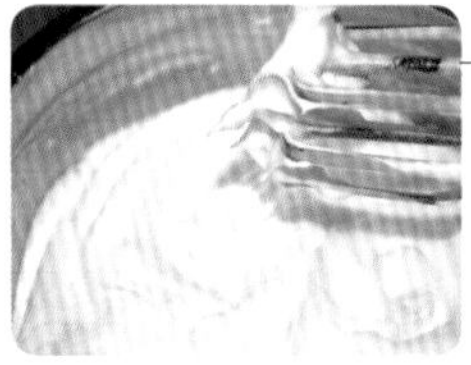

6. 蛋清加 50 克糖打发，至提起打蛋器，是直立短而尖挺的小角。

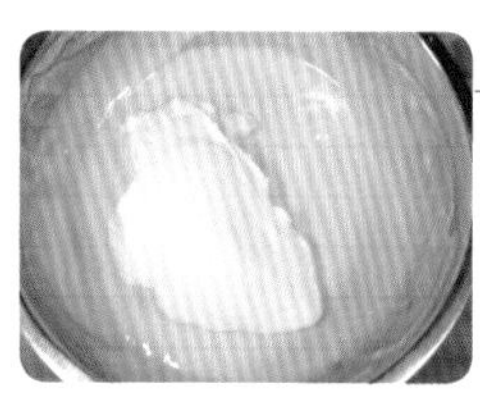

7. 挖一大勺蛋清到蛋黄糊中。

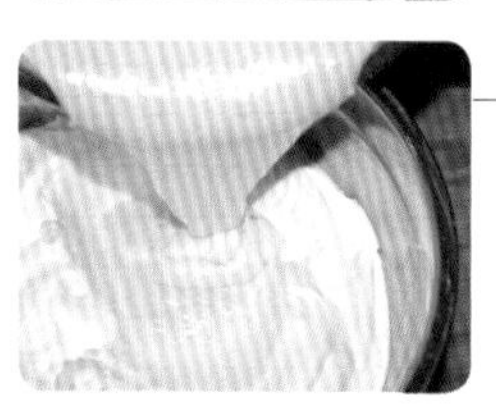

8. 翻拌均匀后倒入蛋清盆。

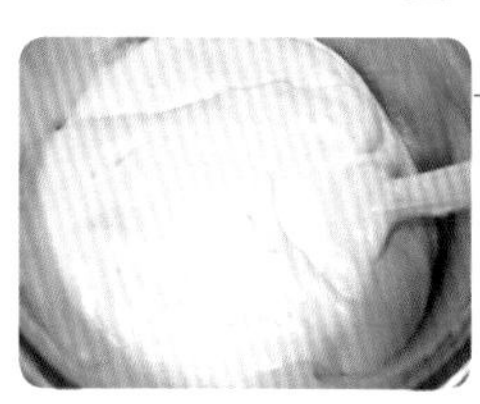

9. 翻拌均匀，不要画圈搅拌哟。

10. 倒入 8 英寸圆形活底蛋糕模具中。

11. 震出大气泡后，送入预热好的烤箱，中下层，上下火，170 摄氏度烘烤 45 分钟，上色后及时加盖锡纸。

12. 出炉后立即倒扣，一直到凉透才可以脱模，切块食用。

HULUOBOQIFENGDANGAO

胡萝卜戚风蛋糕

胡萝卜给蛋糕染上了浅浅的黄色，营养也更丰富哦……

◎ 原料 YUANLIAO

胡萝卜糊：
胡萝卜 100 克
水 50 克

蛋糕：
胡萝卜糊 100 克
玉米油 50 克
低筋面粉 100 克
鸡蛋 6 个
糖 50 克

模具：
8 英寸圆形活底蛋糕模具

二狗妈妈碎碎念

1. 不可以用不粘模具哟。
2. 如果喜欢胡萝卜的颗粒感，可以擦一些胡萝卜丝拌进面糊中，也很好吃的。

◎ 做法 ZUOFA

1. 100 克胡萝卜加 50 克水，打成糊状。

2. 取 100 克胡萝卜糊放入盆中，加入 50 克玉米油搅拌均匀。

3. 筛入 100 克低筋面粉，搅拌均匀。

4. 加入 6 个蛋黄搅拌均匀，备用。

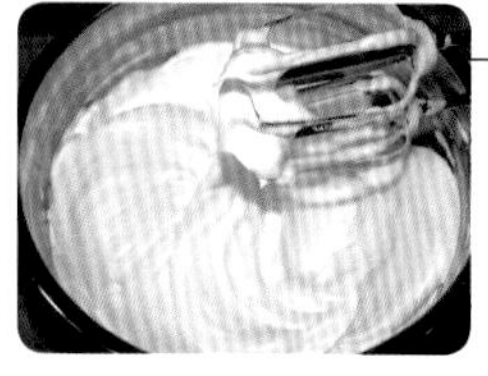

5. 6 个蛋清加 50 克糖后打发至硬性发泡（提起打蛋器，有短而坚挺的小角）。

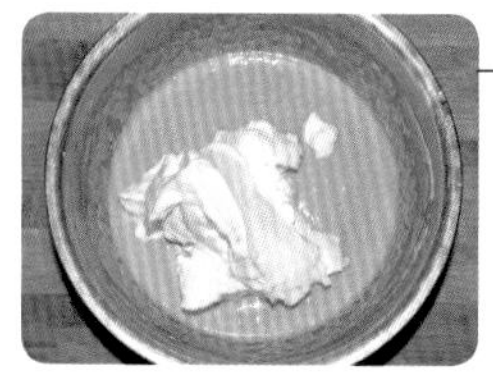

6. 挖一勺蛋清到蛋黄糊。

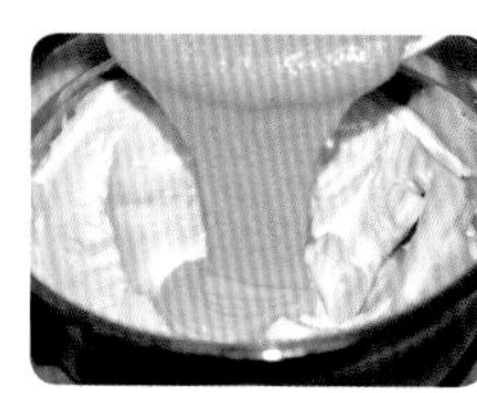

7. 翻拌均匀后倒入蛋清盆。

8. 翻拌均匀。

9. 倒入 8 英寸圆形活底蛋糕模具，震出大气泡。

10. 送入预热好的烤箱，130 摄氏度烘烤 70 分钟，上色后及时加盖锡纸，出炉后立即倒扣，凉透才可以脱模哟。

NANGUAQIFENGDANGAO

南瓜戚风蛋糕

柔软到站不住，Q润到不想停下来……

◎ 原料 YUANLIAO

南瓜泥 180 克
玉米油 50 克
低筋面粉 100 克
鸡蛋 6 个
糖 50 克

模具：
直径 18 厘米中空模具

二狗妈妈碎碎念

1. 南瓜含水量不同，如果南瓜含水量较大，可以减少南瓜泥用量。
2. 入烤箱前用手压住中间烟囱，用力震几下再去烘烤。
3. 没有中空模具，可以用 8 英寸圆形活底蛋糕模具，但不要用不粘模具哟，烘烤时间增加 5 分钟。

◎ 做法 ZUOFA

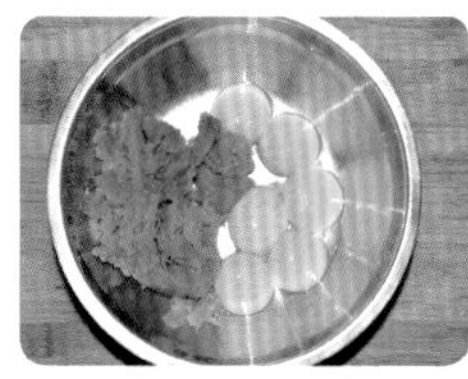

1. 180 克蒸熟凉透的南瓜泥放入盆中，加入 6 个蛋黄。

2. 加入 50 克玉米油，搅拌均匀。

3. 筛入 100 克低筋面粉，搅拌均匀。

4. 搅拌均匀，备用。

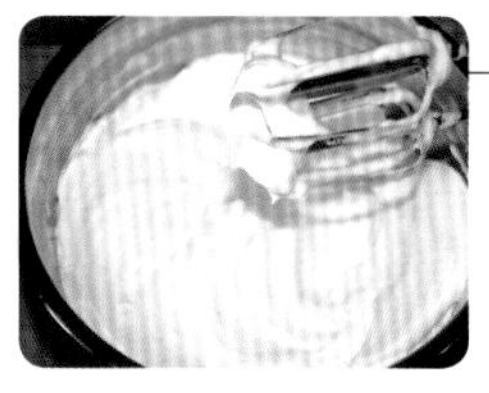

5. 6 个蛋清加入 50 克糖后打发至提起打蛋器，有短而尖挺的小角。

6. 挖一大勺蛋清到南瓜糊中。

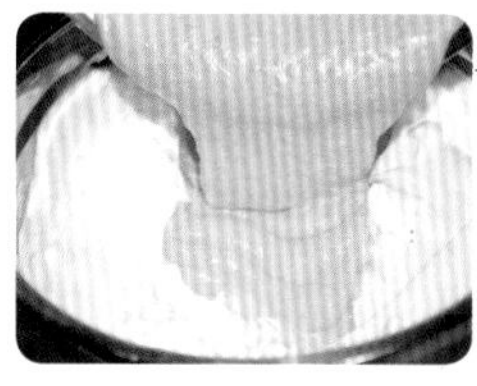

7. 翻拌均匀后倒入蛋清盆。

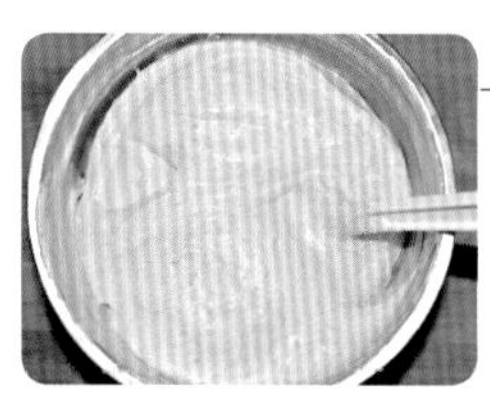

8. 再翻拌均匀。

9. 倒入直径 18 厘米中空模具中，震出大气泡。

10. 送入预热好的烤箱，中下层，上下火，170 摄氏度烘烤 50 分钟，上色后及时加盖锡纸。

11. 出炉后立即倒扣，凉透才可以脱模哟。

我有美丽的绿衣裳，我的心里装着对春天的畅想……

◎ 原料 YUANLIAO

牛奶 85 克
玉米油 50 克
低筋面粉 100 克
抹茶粉 10 克
鸡蛋 5 个
糖 50 克

模具：
直径 18 厘米中空模具

二狗妈妈碎碎念

1. 如果您喜欢，还可以把蜜豆拌在面糊中，味道更丰富。
2. 入烤箱前用手压住中间烟囱，用力震几下再去烘烤。
3. 没有中空模具，可以用 8 英寸圆形活底蛋糕模具，但不要用不粘模具哟，烘烤时间增加 5 分钟。

◎ 做法 ZUOFA

1. 85 克牛奶倒入盆中，加入 50 克玉米油，搅拌均匀。

2. 筛入 100 克低筋面粉、10 克抹茶粉。

3. 搅拌均匀后加入 5 个蛋黄。

4. 搅拌均匀，备用。

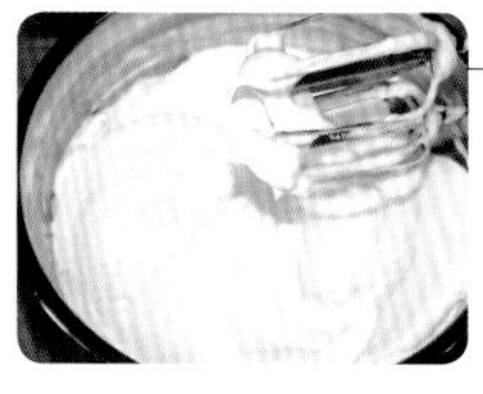

5. 5 个蛋清加入 50 克糖后打发至提起打蛋器，有短而尖挺的小角。

6. 挖一大勺蛋清到抹茶面糊中。

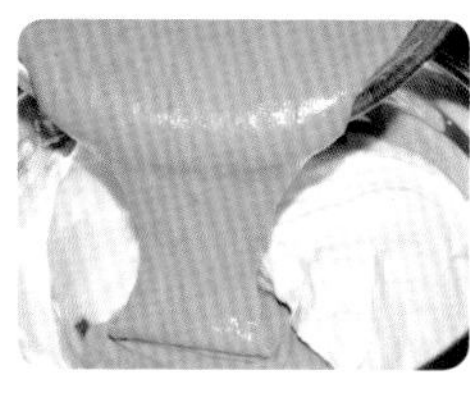

7. 翻拌均匀后倒入蛋清盆。

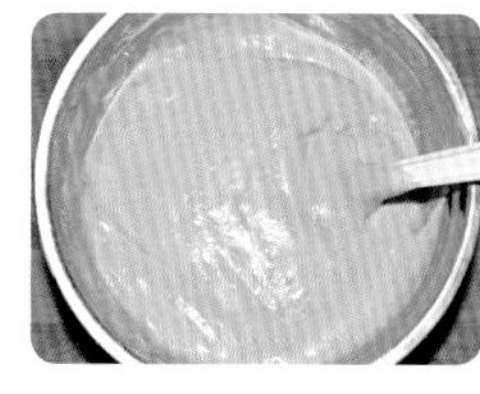

8. 再翻拌均匀。

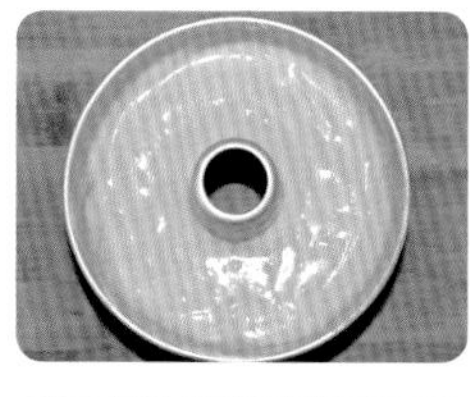

9. 倒入直径 18 厘米中空模具中，震出大气泡。

10. 送入预热好的烤箱，中下层，上下火，170 摄氏度烘烤 40 分钟，上色后及时加盖锡纸。

11. 出炉后立即倒扣，凉透才可以脱模哟。

SUANNAIBANMAQIFENGDANGAO

酸奶斑马戚风蛋糕

斑马，斑马，你为啥不说话，你是不是睡着啦？如果你听到我在呼唤你，快摇一摇尾巴……

◎ 原料 YUANLIAO

稠酸奶 130 克
玉米油 50 克
低筋面粉 100 克
可可粉 10 克
鸡蛋 6 个
糖 60 克

模具：
8 英寸圆形活底蛋糕模具

二狗妈妈碎碎念

1. 蛋白糊和两种蛋黄糊混合时，一次放 1/3 的蛋白量，翻拌均匀再放下一次。
2. 每一勺面糊都要放在上一勺面糊的中间，随着面糊的交替叠放，面糊会慢慢撑满模具。
3. 一定不要用签子搅动，那样花纹会乱的。
4. 酸奶如果稠度不够，可以减少用量。
5. 不喜欢酸奶口味，可以用 85 ~ 90 克牛奶替换。

◎ 做法 ZUOFA

1. 130 克稠酸奶倒入盆中，加入 50 克玉米油。

2. 搅拌均匀。

3. 筛入 100 克低筋面粉。

4. 搅拌均匀（有点稠，没关系）。

5. 加入 6 个蛋黄。

6. 搅拌均匀。

7. 把蛋黄糊平均分成 2 份，在其中一份里筛入 10 克可可粉。

8. 搅拌均匀，备用。

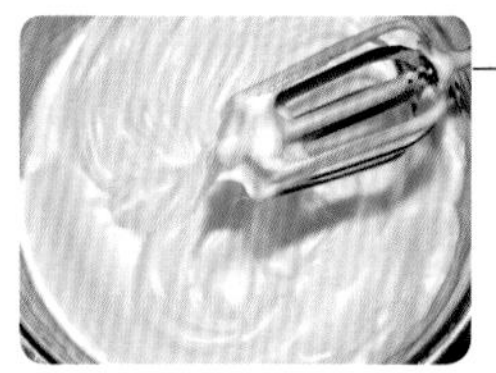

9. 6 个蛋白加入 60 克糖打发，提起打蛋器，有短而尖的小角就可以啦。

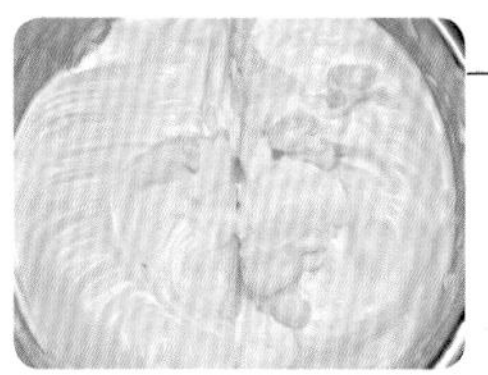

10. 把蛋白用刮刀分成 2 份。

11. 各取 1/3 蛋白到两种蛋黄糊中。

12. 翻拌均匀后，再各取 1/3 蛋白到两种蛋黄糊中，再次翻拌均匀后，把其余蛋白各自加入到两种蛋黄糊中，分别翻拌均匀。

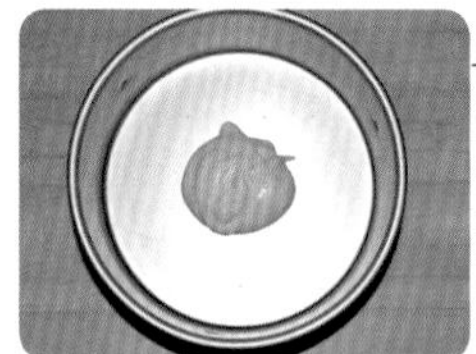

13. 8 英寸圆形活底蛋糕模具准备好，先放一大勺白色面糊。

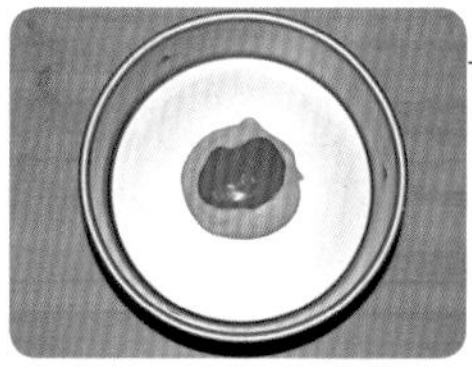

14. 在白色面糊中间放一勺咖啡色面糊。

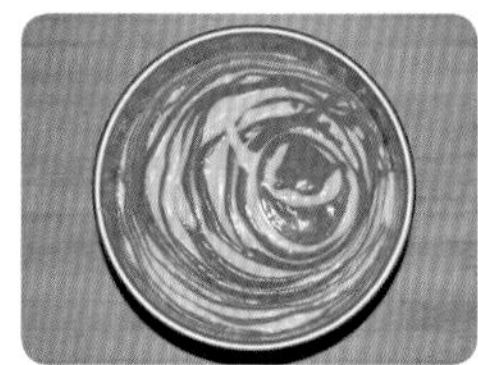

15. 以此类推，把两种面糊交替放完。

16. 送入预热好的烤箱，中下层，上下火，120 摄氏度烘烤 80 分钟，上色后及时加盖锡纸。

17. 出炉后立即倒扣，一直到凉透才可以脱模，切块食用。

YUMIQIFENGDANGAO

玉米戚风蛋糕

玉米，玉米，这款蛋糕里面有好多的玉米呀……

◎ 原料 YUANLIAO

玉米糊：
熟玉米粒 100 克
水 60 克

蛋糕面糊：
玉米糊 130 克
玉米油 40 克
低筋面粉 100 克

鸡蛋 5 个
糖 40 克
熟玉米粒 60 克

模具：
直径 18 厘米中空模具

二狗妈妈碎碎念

1. 玉米要选用甜玉米，做出来口味很香甜。
2. 没有中空模具，可以用 8 英寸圆形活底蛋糕模具，但不要用不粘模具，烘烤时间增加 5 分钟。

◎ 做法 ZUOFA

1. 100 克熟玉米粒加 60 克水打成糊状倒入盆中（约 130 克）。

2. 加入 40 克玉米油搅拌均匀。

3. 筛入 100 克低筋面粉。

4. 搅拌均匀后，加入 5 个蛋黄。

5. 搅拌均匀，备用。

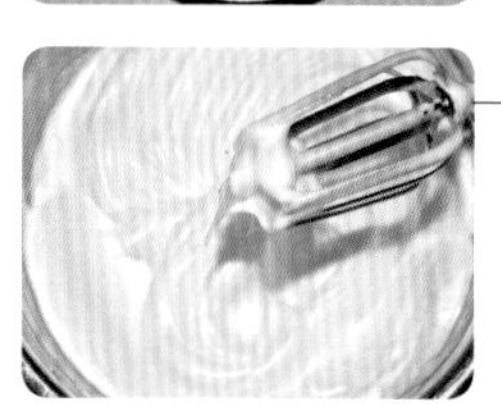

6. 5 个蛋白加入 40 克糖打发，提起打蛋器，有短而尖的小角就可以啦。

7. 挖一大勺蛋白到蛋黄糊中。

8. 翻拌均匀后倒入蛋白盆。

9. 再翻拌均匀。

10. 60 克熟玉米粒裹高筋面粉后倒入面糊。

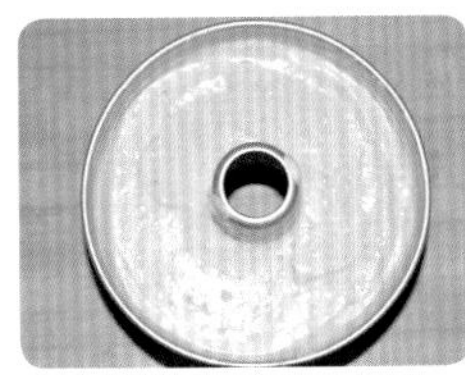

11. 稍翻拌，倒入直径 18 厘米中空模具中，震出大气泡。

12. 送入预热好的烤箱，中下层，上下火，170 摄氏度烘烤 40 分钟，上色后及时加盖锡纸。

13. 出炉后立即倒扣，凉透才可以脱模哟。

DANNAIYOUHEIZHIMAQIFENGDANGAO

淡奶油黑芝麻戚风蛋糕

黑芝麻混合淡奶油的香气，弥漫在屋子的每个角落里……

◎ 原料 YUANLIAO

鸡蛋 5 个
淡奶油 130 克
黑芝麻粉 40 克
低筋面粉 60 克
糖 50 克

模具：
直径 18 厘米中空模具

◎ 做法 ZUOFA

1. 将 5 个鸡蛋分开蛋清、蛋黄。

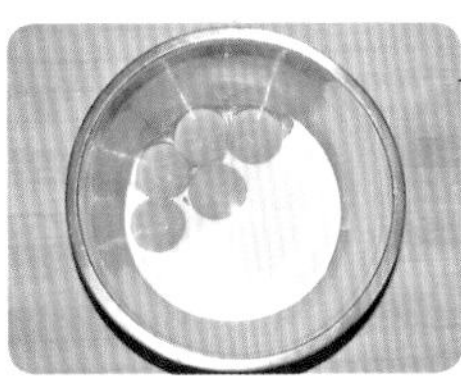

2. 蛋黄中加入 130 克淡奶油。

3. 搅拌均匀。

4. 加入 40 克黑芝麻粉。

5. 搅拌均匀后筛入 60 克低筋面粉。

6. 搅拌均匀。

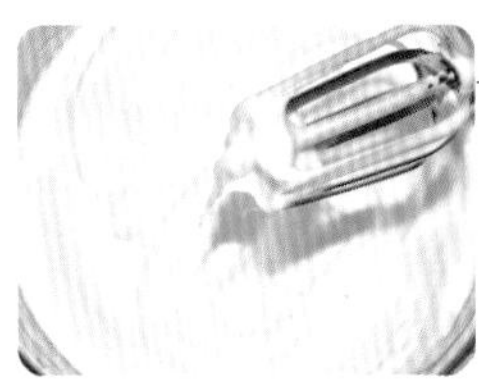

7. 5 个蛋白加入 50 克糖打发，提起打蛋器，有短而尖的小角就可以啦。

8. 挖一大勺蛋白放入黑芝麻蛋黄糊中。

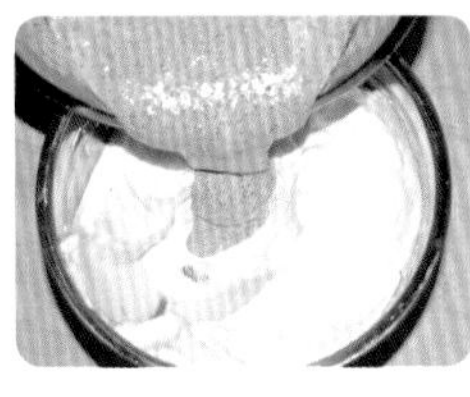

9. 翻拌均匀后倒入蛋白盆。

10. 翻拌均匀后倒入直径 18 厘米中空模具中。

11. 送入预热好的烤箱，中下层，上下火，170 摄氏度烘烤 40 分钟，上色后及时加盖锡纸。

12. 出炉后立即倒扣，凉透才可以脱模哟。

二狗妈妈碎碎念

1. 因为放了淡奶油，所以就没有再放油。
2. 没有中空模具，可以用 8 英寸圆形活底蛋糕模具，但不要用不粘模具，烘烤时间增加 5 分钟。

这醉人的橙子香气哟……不想说话，我怕打扰它……

CHENGXIANGQIFENGDANGAO

橙香戚风蛋糕

◎ 原料 YUANLIAO

鸡蛋 5 个
橙子糊 120 克
玉米油 50 克
低筋面粉 100 克
糖 50 克

橙皮屑适量

模具：
直径 18 厘米中空模具

二狗妈妈碎碎念

1. 橙皮屑一定不要磨到白色的部分，会影响口感。
2. 没有中空模具，可以用 8 英寸圆形活底蛋糕模具，但不要用不粘模具，烘烤时间增加 5 分钟。

◎ 做法 ZUOFA

1. 把一个橙子皮磨成屑。

2. 橙子取果肉打成糊，取 120 克放到盆中，加入 50 克玉米油。

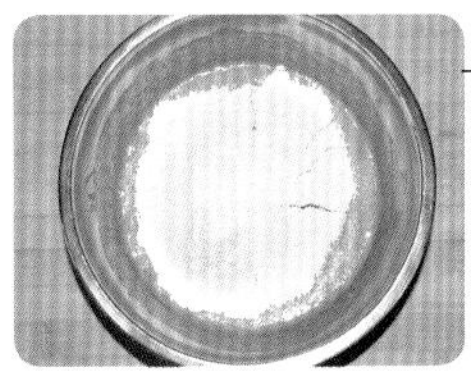

3. 搅拌均匀后筛入 100 克低筋面粉。

4. 搅拌均匀后加入 5 个蛋黄。

5. 搅拌均匀，备用。

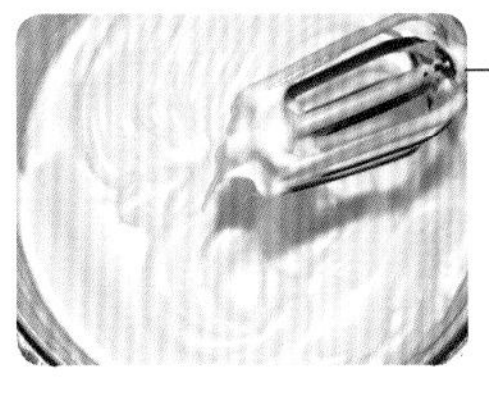

6. 5 个蛋白加入 50 克糖打发，提起打蛋器，有短而尖的小角就可以啦。

7. 挖一大勺蛋白到蛋黄糊中。

8. 翻拌均匀后倒入蛋清盆。

9. 翻拌均匀。

10. 加入橙皮屑。

11. 翻拌均匀后倒入直径 18 厘米中空模具中。

12. 送入预热好的烤箱，中下层，上下火，170 摄氏度烘烤 40 分钟，上色后及时加盖锡纸，出炉后立即倒扣，凉透脱模。

MICAIQIFENGDANGAO

迷彩戚风蛋糕

都说这是“老公蛋糕”，不就是因为《太阳的后裔》中那个“国民老公”也穿着迷彩服吗?

◎ 原料 YUANLIAO

牛奶 130 克
玉米油 60 克
低筋面粉 100 克
可可粉 10 克
抹茶粉 10 克
鸡蛋 6 个
糖 80 克

模具：
直径 20 厘米中空模具

◎ 做法 ZUOFA

1. 取 3 个大碗，每个碗中放入 2 个蛋黄。

2. 在每个碗中加入 20 克玉米油，搅拌均匀。

3. 130 克牛奶分 50 克、50 克、30 克分别加入 3 个碗中，分别搅拌均匀。

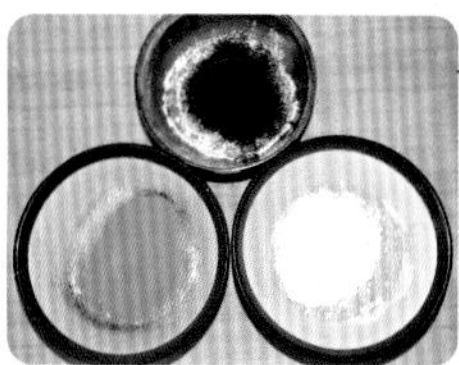

4. 在 30 克牛奶碗中筛入 40 克低筋面粉；在另外一个碗中筛入 30 克低筋面粉、10 克抹茶粉；在第三个碗中筛入 30 克低筋面粉、10 克可可粉。

5. 分别搅拌均匀，备用。

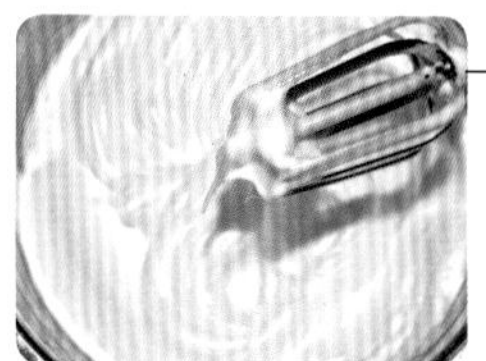

6. 6 个蛋白加入 80 克糖后打发，提起打蛋器，有短而尖的小角就可以啦。

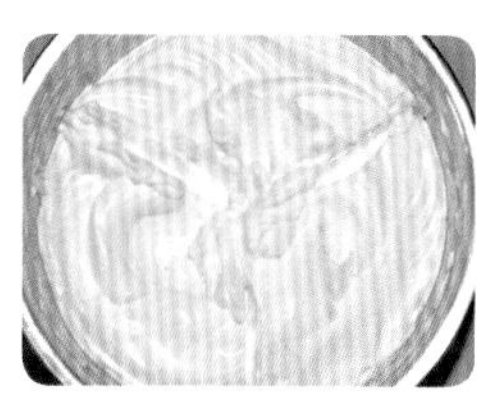

7. 用刮刀分出 3 份。

8. 分别加入 3 个大碗中，翻拌均匀。

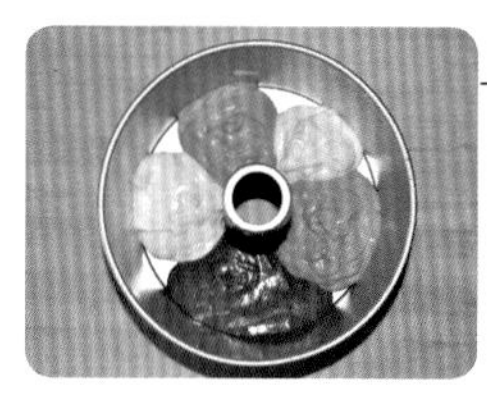

9. 把 3 种颜色面糊交替放在直径 20 厘米中空模具底部。

10. 再错开颜色放第二层、第三层，直至把面糊放完。

11. 送入预热好的烤箱，中下层，上下火，170 摄氏度烘烤 40 分钟，上色后及时加盖锡纸。出炉立即倒扣，凉透脱模。

二狗妈妈碎碎念

1. 蛋白糊和 3 种蛋黄糊混合时，一次放 1/3 的蛋白量，翻拌均匀再放下一次。
2. 3 种颜色的面糊要错开放，出来的花纹才会好看。
3. 一定不要用签子搅动，那样会影响花纹美观的。

乳酪蛋糕

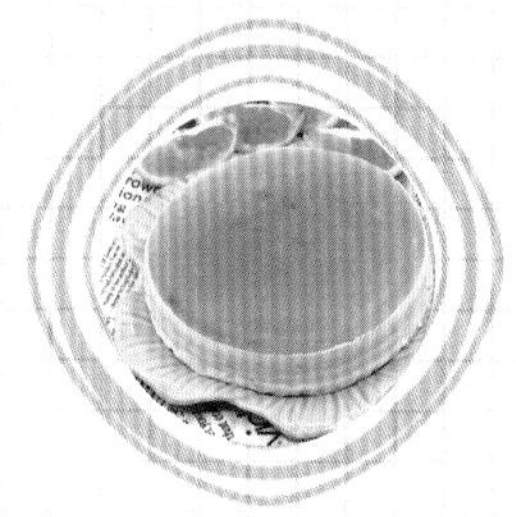
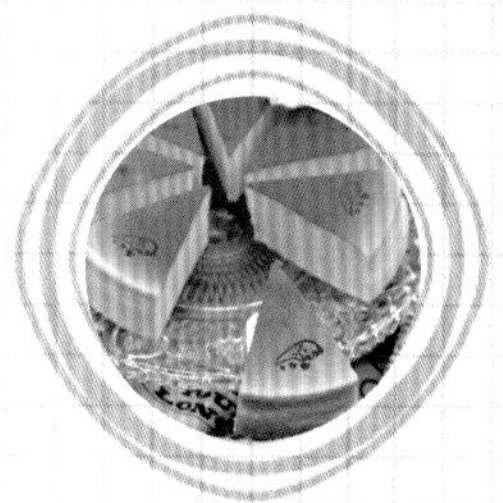

奶油奶酪，英文是 cream cheese，只要您认准这个英文就不会错的，用乳酪做的蛋糕种类非常多，放眼望去，单单是乳酪蛋糕的书就数不过来，那么我这个非专业的人士，就不要班门弄斧啦。简简单单两款轻乳酪、两款重乳酪蛋糕奉献给您，是为了让您看一下我的做法和步骤，绝对不专业，但口感不认输哟……

YEXIANGQINGRULAODANGAO

椰香轻乳酪蛋糕

椰子的香气呼之欲出，好好吃哟……

◎ 原料 YUANLIAO

奶油奶酪 180 克
椰浆 140 克
无盐黄油 80 克
低筋面粉 40 克
玉米淀粉 30 克
鸡蛋 4 个
糖 80 克

模具：
8 英寸固底不粘模具
深烤盘

◎ 做法 ZUOFA

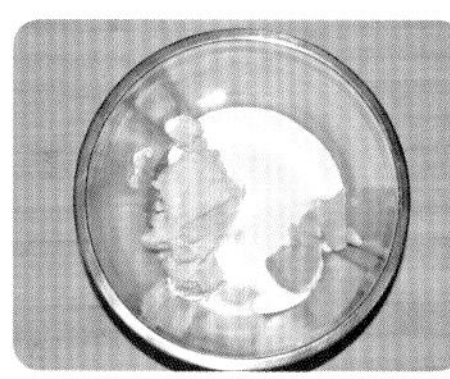

1. 180 克奶油奶酪、140 克椰浆、80 克无盐黄油放入盆中。

2. 隔热水搅至顺滑。

3. 筛入 40 克低筋面粉、30 克玉米淀粉。

4. 隔热水搅至顺滑均匀后加入 4 个蛋黄。

5. 搅拌均匀，备用。

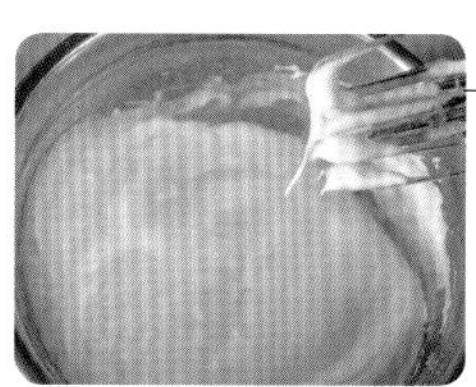

6. 蛋清盆中加入 80 克糖后打发，至提起打蛋器，打蛋头上有个长一些的弯角。

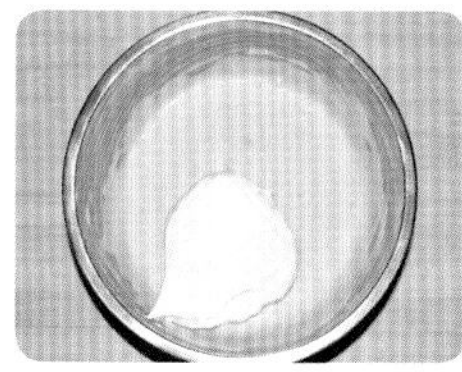

7. 挖一大勺蛋白到蛋黄糊中。

二狗妈妈碎碎念

1. 椰浆可以用 120 克牛奶替换。
2. 放在烤盘里的水是温热的，加入量大概是至 2 厘米高。
3. 我用了定制的烙印做装饰，没有可以不加装饰了。
4. 上色及时加盖锡纸。

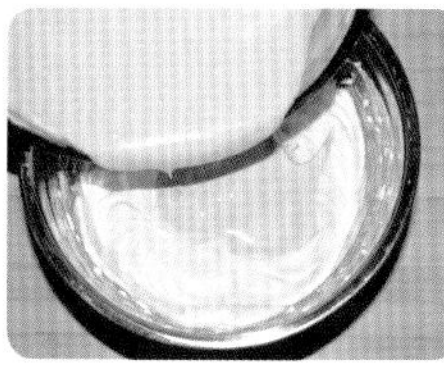

8. 翻拌均匀后倒入蛋白盆。

9. 翻拌均匀。

10. 8 英寸固底不粘模具底部铺油纸。

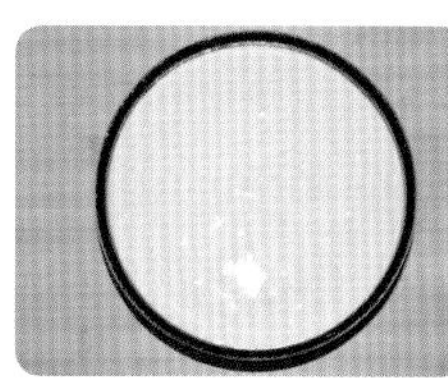

11. 把面糊倒入模具中。

12. 深烤盘加水，约 2 厘米高，把蛋糕模具坐进水中。

13. 送入预热好的烤箱，中下层，上下火，150 摄氏度烘烤 80 分钟，关火闷 30 分钟后出炉。

CHENGXIANGQINGRULAODANGAO

橙香轻乳酪蛋糕

入口即化的口感，绵软得像触摸到了云朵……

◎ 原料 YUANLIAO

橙皮屑约 15 克
橙子果汁 80 克
奶油奶酪 200 克
淡奶油 60 克
低筋面粉 40 克
玉米淀粉 40 克
鸡蛋 4 个
糖 80 克

模具：
8 英寸固底不粘模具
深烤盘

二狗妈妈碎碎念

1. 擦橙皮不要擦到白色部分，不然会影响口感的。
2. 放在烤盘里的水是温热的，加入量大概至 2 厘米高。
3. 上色及时加盖锡纸。

◎ 做法 ZUOFA

1. 取一个橙子，把皮磨成屑，约有 15 克。

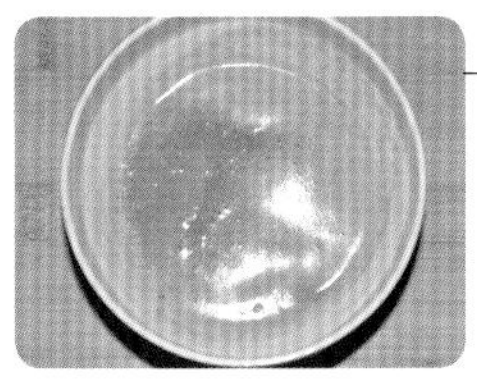

2. 橙子果肉打碎后过滤出果汁，取 80 克备用。

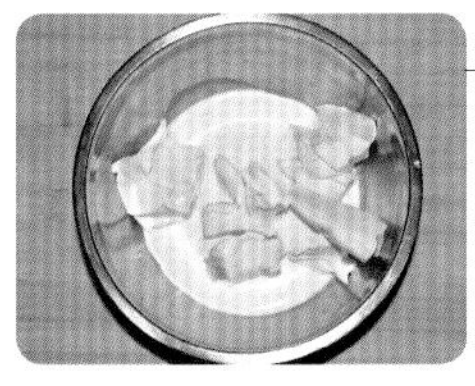

3. 200 克奶油奶酪放入盆中，加入 60 克淡奶油。

4. 隔热水搅至顺滑。

5. 加入 40 克低筋面粉、40 克玉米淀粉。

6. 搅拌均匀后加入橙汁。

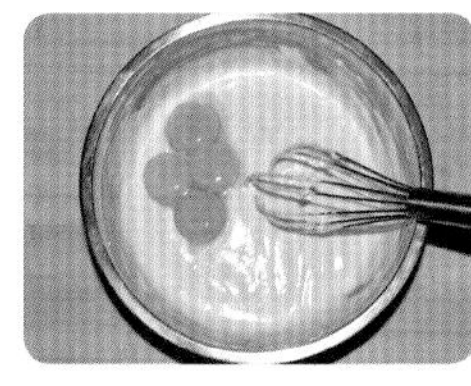

7. 搅拌均匀后加入 4 个蛋黄。

8. 加入橙皮屑。

9. 搅拌均匀，备用。

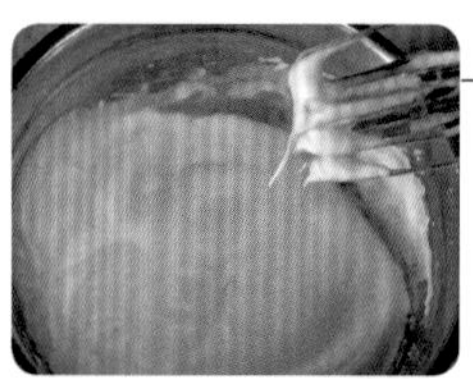

10. 蛋清盆中加入 80 克糖后打发，至提起打蛋器，打蛋头上有个长一些的弯角。

11. 挖一大勺蛋白到蛋黄糊中。

12. 翻拌均匀后倒入蛋白盆。

13. 翻拌均匀。

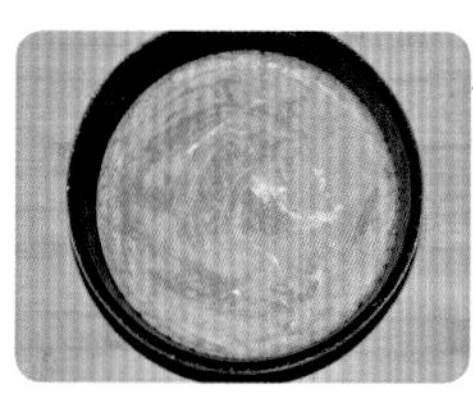

14. 8 英寸固底不粘模具底部铺油纸。

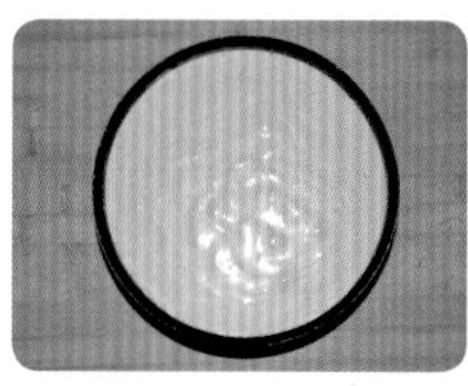

15. 把面糊倒入模具中。

16. 深烤盘加水，至约 2 厘米高，把蛋糕模具坐进水中。

17. 送入预热好的烤箱，中下层，上下火，150 摄氏度烘烤 80 分钟，关火闷 30 分钟后出炉。

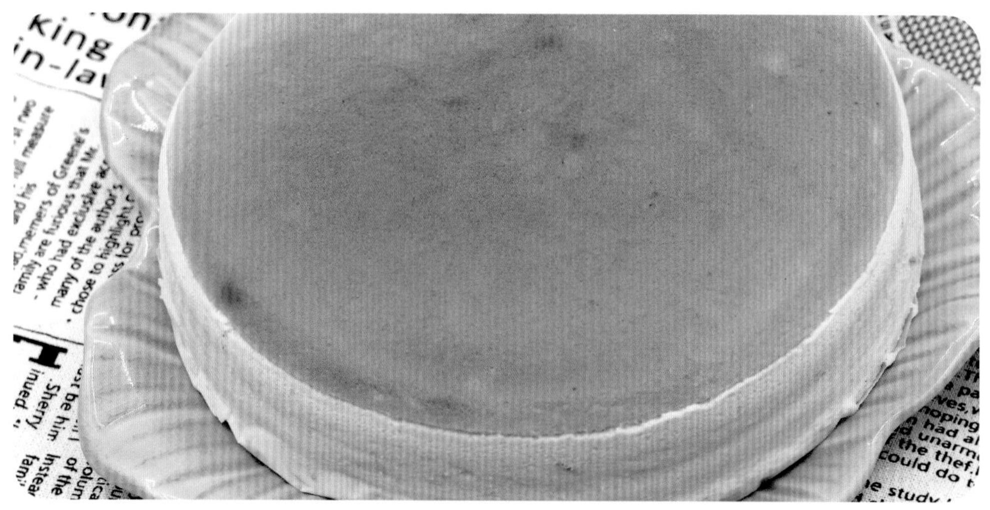

SUANNAILANMEIZHONGRULAODANGAO

酸奶蓝莓重乳酪蛋糕

整颗的蓝莓会在口腔中爆开，搭配上果酱的甜、酸奶的酸，还有芝士的厚重感，唔……好好吃……

◎ 原料 YUANLIAO

饼干底：
消化饼干 160 克
无盐黄油 80 克

蛋糕：
奶油奶酪 500 克
糖 80 克
稠酸奶 150 克
蓝莓果酱 50 克
鸡蛋 3 个
玉米淀粉 60 克

模具：
8 英寸圆形蛋糕模具

二狗妈妈碎碎念

1. 烘烤时间到了后，不要着急拿出来，可以在烤箱中闷 30 分钟后取出。
2. 不要着急脱模，自然凉透后，放入冰箱冷藏 2 小时以上再脱模具并切块食用，味道更好哟。
3. 如果做 6 英寸的量，所有原料减半即可。

◎ 做法 ZUOFA

1. 烤箱 180 摄氏度预热，在烤箱最底层放一个烤盘，烤盘中放满水。

2. 160 克消化饼干加 80 克熔化的无盐黄油拌匀。

3. 8 英寸圆形蛋糕模具铺好油纸，把消化饼干铺在底部，压实，放入冰箱冷冻备用。

4. 500 克奶油奶酪放在盆中，加入80 克糖。

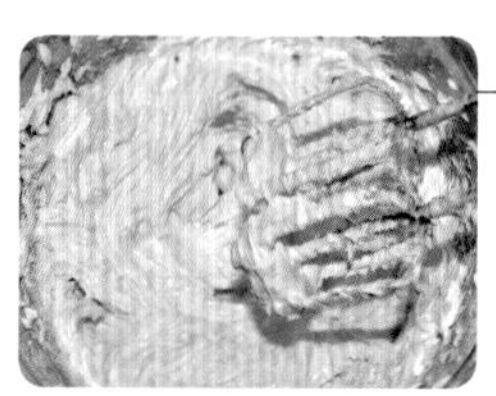

5. 用电动打蛋器打匀。

6. 加入 150 克稠酸奶。

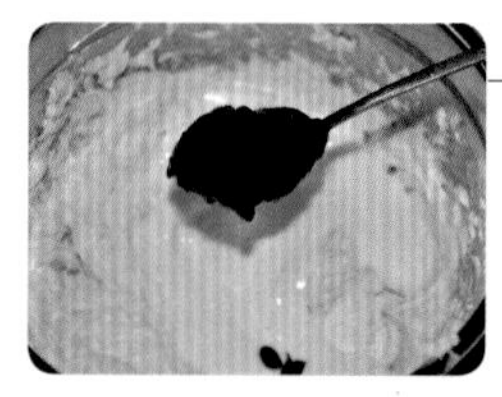

7. 再加入 50 克蓝莓果酱。

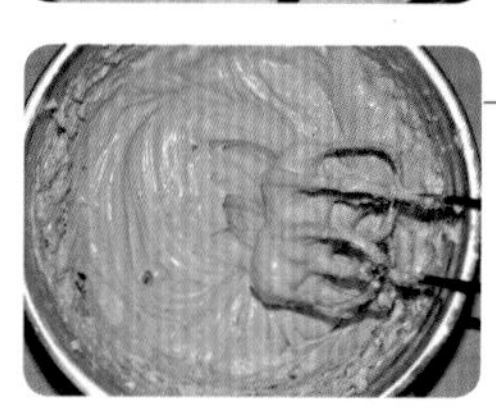

8. 用电动打蛋器打匀。

9. 3个鸡蛋分次加入奶酪糊中，每加一个打匀后再加下一个。

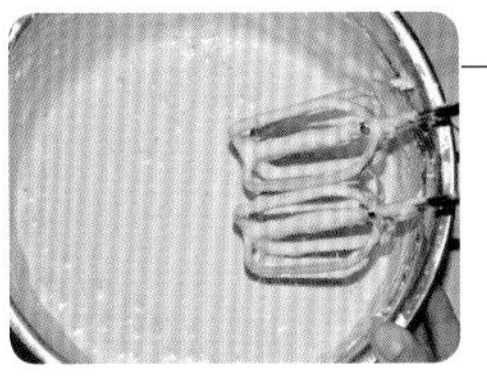

10. 加完鸡蛋的状态如图所示。

11. 加入60克玉米淀粉。

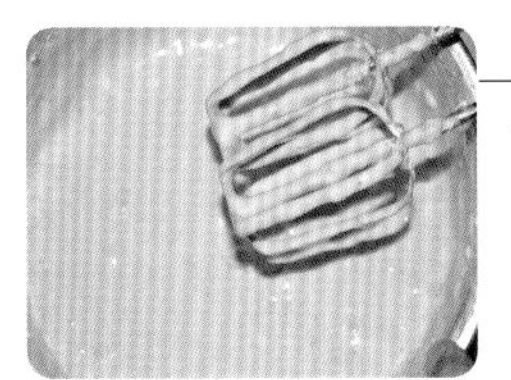

12. 用电动打蛋器打匀。

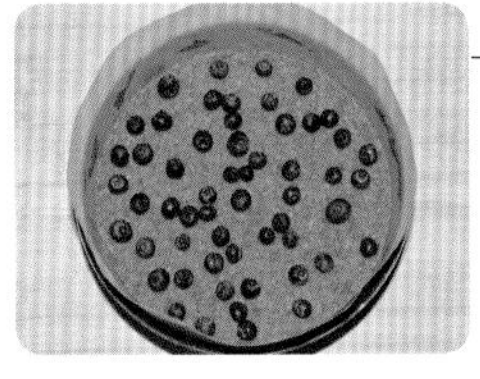

13. 从冰箱中取出模具，在底部撒一层新鲜蓝莓。

14. 把奶酪糊倒入模具。

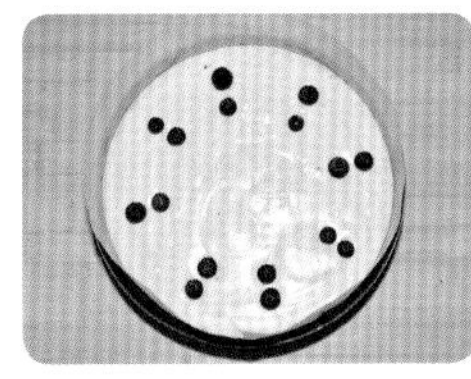

15. 整理平整后，在表面码放蓝莓装饰。

16. 送入预热好的烤箱，中下层，上下火，180摄氏度烘烤80分钟，上色后及时加盖锡纸。

LIULIANZHONGRULAODANGAO

榴莲重乳酪蛋糕

当榴莲遇到了芝士，立刻被互相吸引，于是相爱了……

◎ 原料 YUANLIAO

奶油奶酪 340 克
糖 60 克
鸡蛋 2 个
榴莲肉 250 克
牛奶 50 克
玉米淀粉 50 克

模具：
6 厘米 ×6 厘米 ×25 厘米蛋糕模具

二狗妈妈碎碎念

1. 烘烤时间到了后，不要着急拿出来，可以在烤箱中闷 30 分钟后取出。
2. 不要着急脱模，自然凉透后，放入冰箱冷藏 2 小时以上再脱模具并切块食用，味道更好哟。
3. 榴莲果肉可以根据自己喜好稍增减。

◎ 做法 ZUOFA

1. 烤箱 180 摄氏度预热，在烤箱最底层放一个烤盘，烤盘中放满水。

2. 340 克奶油奶酪加 60 克糖放入盆中。

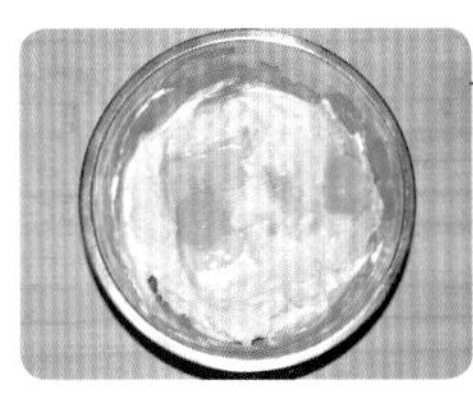

3. 隔热水搅至顺滑后，加入 2 个鸡蛋。

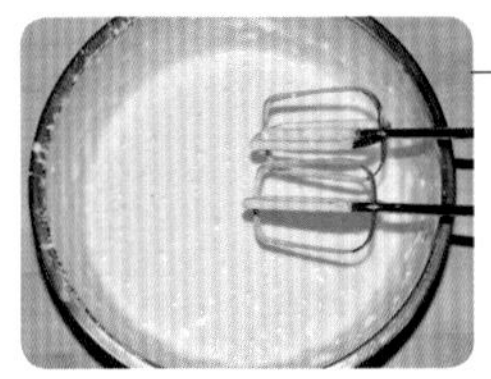

4. 用电动打蛋器打匀。

5. 放入 250 克榴莲果肉。

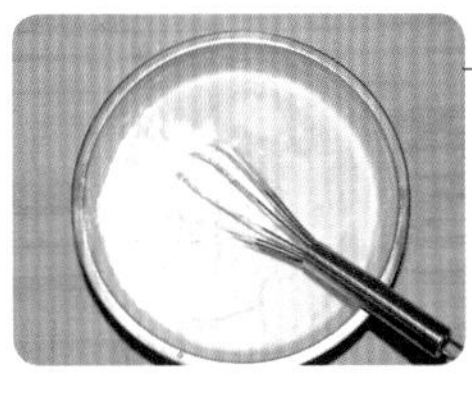

6. 搅匀后加入 50 克牛奶、50 克玉米淀粉。

7. 搅拌均匀。

8. 倒入铺好油纸的模具中。

9. 送入烤箱，中下层，上下火，180 摄氏度烘烤 80 分钟，上色后及时加盖锡纸。

CHAPTER 5

磅蛋糕

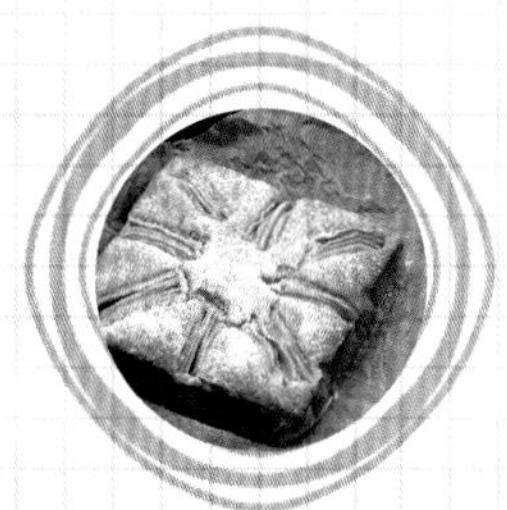

磅蛋糕，也叫四分之一蛋糕，也就是 4 样材料，每样都 1 磅，1 磅黄油、1 磅糖、1 磅面粉、1 磅鸡蛋。

这样的蛋糕口感非常浓郁，香气四溢，非常好吃。当然，热量也会很高，美食和身材如何兼得？那咱就不常做这种蛋糕，一两个月吃一次也没关系啦……

本章节的 8 款磅蛋糕，大大减少了糖的用量，有的添加了新鲜水果，有的添加了南瓜泥，尽可能减少一点食客的心理负罪感，但真的很好吃，每款我都爱，您试试看，喜欢哪款呢？

AOLIAOQIAOKELIBANGDANGAO

奥利奥巧克力磅蛋糕

点点奥利奥碎藏在蛋糕里，加上颗颗时不时跑来凑热闹的巧克力豆，嗯，好美味……

原料 YUANLIAO

无盐黄油 120 克
糖 80 克
鸡蛋 2 个
低筋面粉 100 克
可可粉 20 克
无铝泡打粉 2 克
奥利奥碎 30 克
（约 4 块奥利奥饼干）
耐高温巧克力豆 15 克

糖水：
鲜橙汁 60 克
糖 10 克
朗姆酒 5 克

模具：
6 厘米 ×6 厘米 ×25 厘米蛋糕模具

◎ 做法 ZUOFA

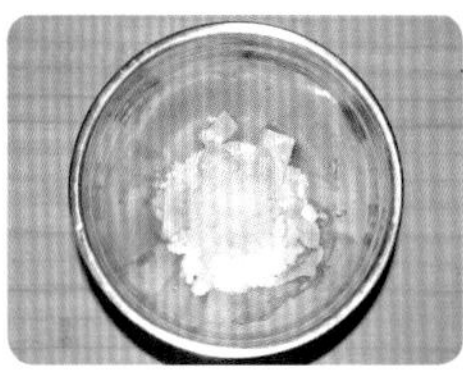

1. 120克无盐黄油室温软化后，加入80克糖。

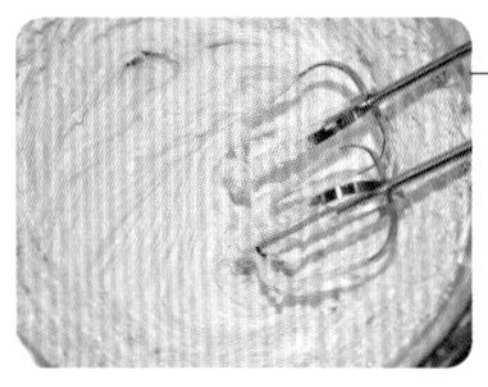

2. 用电动打蛋器先低速打发1分钟，再高速打发4分钟。

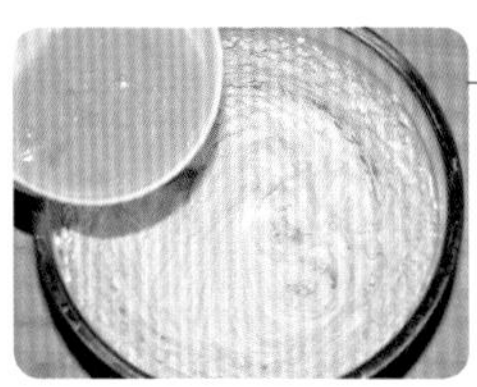

3. 2个鸡蛋打散，分6次加入黄油中，每加入一次都要用电动打蛋器打匀再加入下一次。

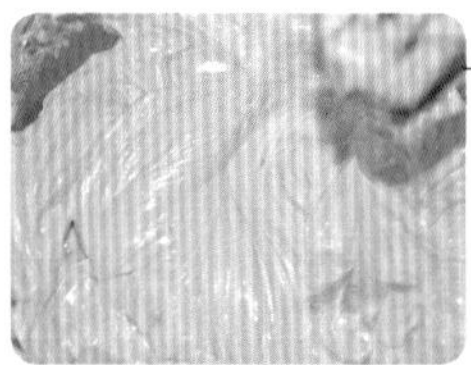

4. 加入鸡蛋后的状态如图所示。

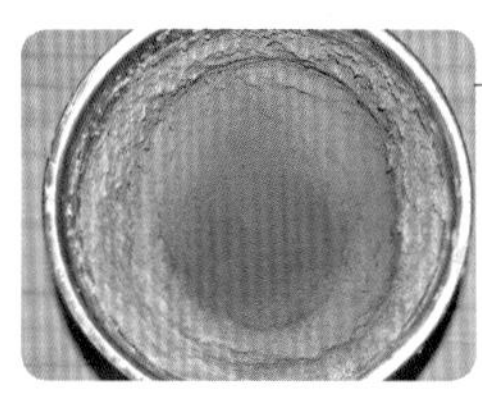

5. 筛入100克低筋面粉、20克可可粉、2克无铝泡打粉。

6. 不停搅拌，次数达到80下左右，面糊拌至有光泽并且均匀的状态。

7. 放入30克奥利奥碎、15克耐高温巧克力豆。

8. 搅拌均匀。

9. 倒入事先铺好油纸的模具中，把面糊抹成中间低、两边高的状态。

10. 送入预热好的烤箱，中下层，上下火，180摄氏度烘烤45分钟。

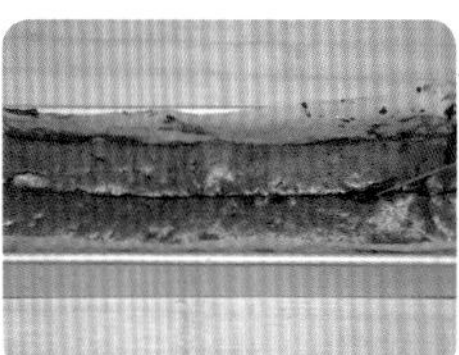

11. 如果想要裂口漂亮，那在烘烤10分钟后，用小刀在中间划个口子，再送入烤箱继续烘烤。

12. 出炉后刷糖水，包好，室温存放一天后食用。

二狗妈妈碎碎念

1. 黄油一定要提前软化，达到用手轻按有坑的状态。
2. 鸡蛋要用常温的哟。
3. 糖水做法：60克鲜橙汁加10克糖煮开后，加入5克朗姆酒拌匀就可以啦。
4. 出炉趁热刷糖水，把所有糖水都要刷到蛋糕上，等蛋糕凉到温热就可以包好啦。
5. 室温储存，一天后食用味道更佳，如果您有足够的耐心，最佳食用时间在第三天哟。

MOCHADALISHIBANGDANGAO
抹茶大理石
磅蛋糕
深一笔浅一笔，像水墨画一样，
把你的美丽画在蛋糕里……

◎ 原料 YUANLIAO

无盐黄油 120 克
糖 80 克
鸡蛋 2 个
低筋面粉 110 克
抹茶粉 10 克
无铝泡打粉 2 克

模具：
6 厘米 ×6 厘米 ×25 厘米蛋糕模具

二狗妈妈碎碎念

1. 黄油一定要提前软化，达到用手轻按有坑的状态。
2. 鸡蛋要用常温的。
3. 此款蛋糕出炉后可以刷糖水，糖水做法是：50 克水加 10 克糖煮开，加入 5 克朗姆酒拌匀就可以啦。
4. 出炉凉到温热就可以包起来了，室温储存就可以，一天后食用味道更佳。

◎ 做法 ZUOFA

1. 120 克无盐黄油室温软化后，加入 80 克糖。

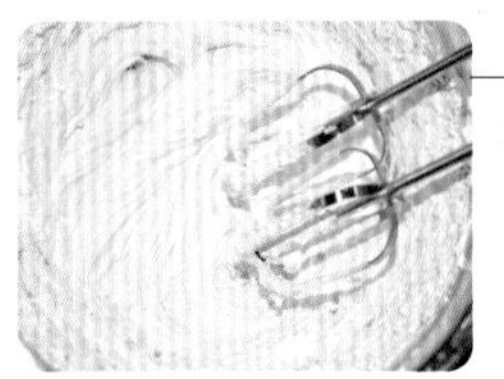

2. 用电动打蛋器先低速打发 1 分钟，再高速打发 4 分钟。

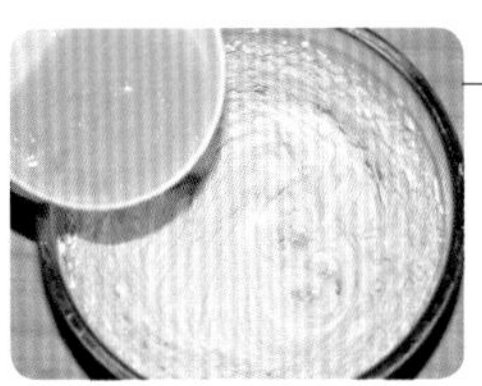

3. 2 个鸡蛋打散，分 6 次加入到黄油中，每加入一次都要用电动打蛋器打匀再加入下一次。

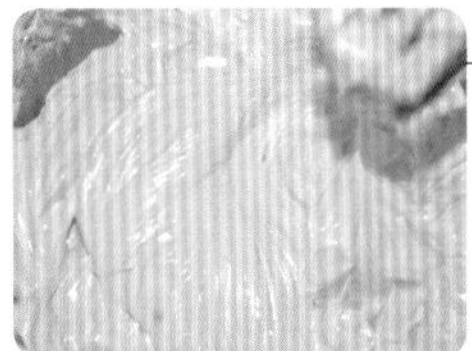

4. 加入鸡蛋后的状态如图所示。

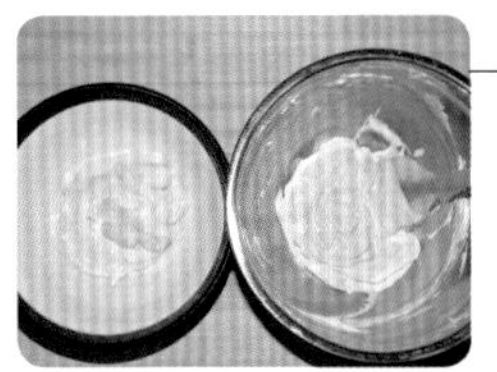

5. 把黄油蛋糊分成 2 份。

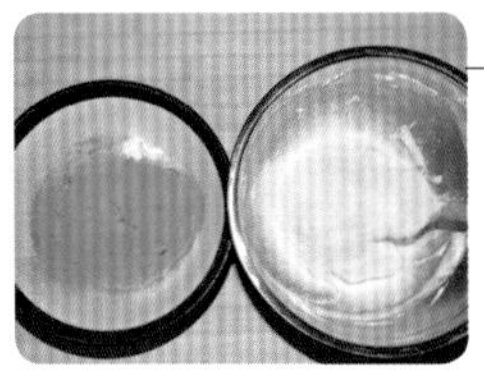

6. 一份筛入 50 克低筋面粉、10 克抹茶粉、1 克无铝泡打粉，另外一份筛入 60 克低筋面粉、1 克无铝泡打粉。

7. 分别搅拌均匀。

8. 把两种面糊倒在一个盆中，用刮刀稍拌两下就可以了。

9. 倒入事先铺好油纸的模具中，把面糊抹成中间低、两边高的状态。

10. 送入预热好的烤箱，中下层，上下火，180 摄氏度烘烤 45 分钟。

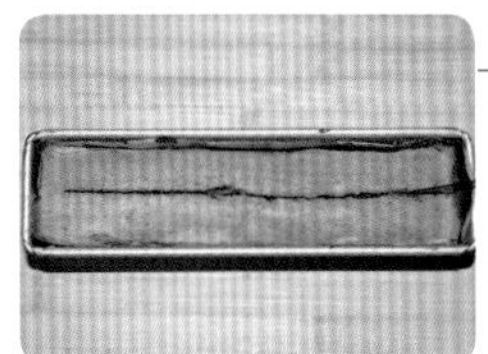

11. 如果想要裂口漂亮，那在烘烤 10 分钟后，用小刀在中间划个口子，再送入烤箱继续烘烤即可。

WUHUAGUOBANGDANGAO

无花果磅蛋糕

喜欢无花果，不仅仅是因为它的香甜，而是它看似平淡无奇，切开的那一瞬间却如此惊艳……

◎ 原料 YUANLIAO

无盐黄油 120 克
糖 80 克
鸡蛋 2 个
低筋面粉 120 克
无铝泡打粉 2 克
鲜无花果块 100 克

表面装饰：
鲜无花果块适量

模具：
6 厘米 ×6 厘米 × 25 厘米蛋糕模具

◎ 做法 ZUOFA

1. 120 克无盐黄油室温软化后，加入 80 克糖。

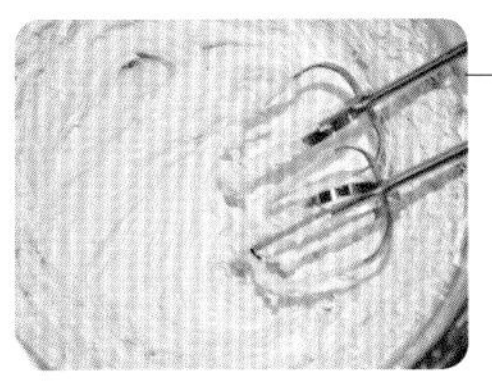

2. 用电动打蛋器先低速打发 1 分钟，再高速打发 4 分钟。

3. 2 个鸡蛋打散，分 6 次加入黄油中，每加入一次都要用电动打蛋器打匀再加入下一次。

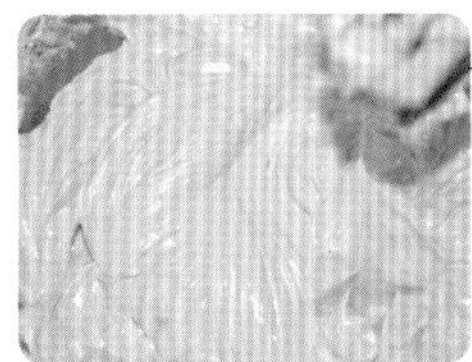

4. 加入鸡蛋后的状态如图所示。

5. 筛入 120 克低筋面粉、2 克无铝泡打粉。

6. 搅拌均匀，搅拌次数 80 下以上。

7. 加入 100 克鲜无花果块。

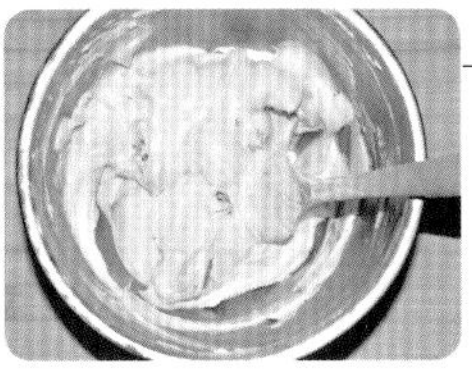

8. 搅拌均匀。

9. 倒入事先铺好油纸的模具中，把面糊抹成中间低、两边高的状态。

10. 表面装饰几颗鲜无花果块。

11. 送入预热好的烤箱，中下层，上下火，180 摄氏度烘烤 55 分钟。

二狗妈妈碎碎念

1. 黄油一定要提前软化，达到用手轻按有坑的状态。
2. 鸡蛋要用常温的。
3. 此款蛋糕因为鲜果的加入，非常湿润，所以烘烤时间比一般磅蛋糕时间稍长。
4. 出炉凉到温热就可以包起来了，冰箱冷藏储存。

PINGGUONANGUABANGDANGAO
苹果南瓜
磅蛋糕
苹果与南瓜的完美结合，既有南
瓜的金黄，又有苹果的香甜，每
咬一口，都是享受……

◎ 原料 YUANLIAO

无盐黄油 140 克
糖粉 100 克
鸡蛋 3 个
低筋面粉 200 克
无铝泡打粉 3 克
南瓜泥 100 克
苹果丁 60 克

表面装饰：
苹果片适量（约一个大苹果）

模具：
20 厘米 ×20 厘米正方形蛋糕模具

二狗妈妈碎碎念

1. 黄油一定要提前软化，达到用手轻按有坑的状态。
2. 糖粉也可以用细砂糖、绵白糖替换。
3. 鸡蛋要用常温的。
4. 出炉凉透后，筛糖粉进行装饰，冰箱冷藏储存。
5. 南瓜泥含水量不同，如果水分过大，可减少用量。

◎ 做法 ZUOFA

1. 140 克无盐黄油室温软化，加入 100 克糖粉。

2. 用电动打蛋器先低速打发 1 分钟，再高速打发 4 分钟。

3. 3 个鸡蛋打散，分 6 次加入到黄油中，每加入一次都要用电动打蛋器打匀再加入下一次。

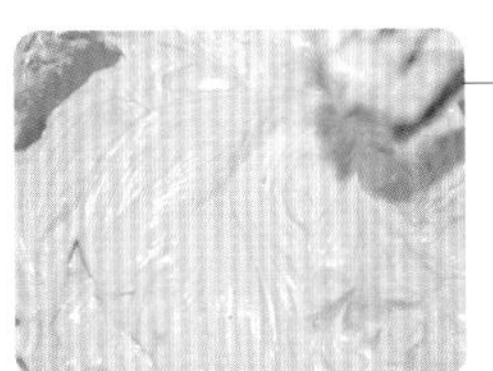

4. 加入鸡蛋后的状态如图所示。

5. 筛入 200 克低筋面粉、3 克无铝泡打粉。

6. 搅拌均匀，搅拌次数 80 下以上。

7. 加入 100 克南瓜泥、60 克苹果丁。

8. 搅拌均匀。

9. 倒入事先铺好油纸的模具中，抹平。

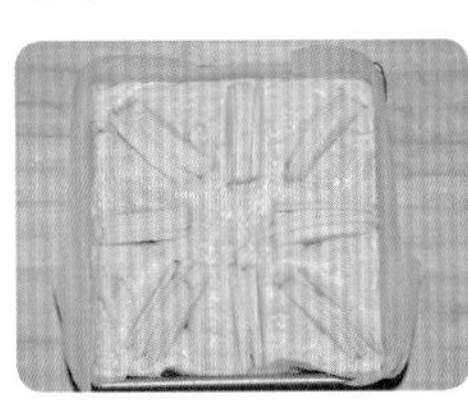

10. 用 8 组苹果片装饰表面。

11. 送入预热好的烤箱，中下层，上下火，180 摄氏度烘烤 50 分钟。

LANMEIBANGDANGAO
蓝莓
磅蛋糕
蓝莓酱给蛋糕穿上了美丽的蓝色
裙子……

◎ 原料 YUANLIAO

无盐黄油 120 克
糖粉 40 克
鸡蛋 2 个
蓝莓果酱 60 克
低筋面粉 140 克
无铝泡打粉 2 克
蓝莓干 40 克

模具：
6 厘米 ×6 厘米 × 25 厘米蛋糕模具

二狗妈妈碎碎念

1. 如果不喜欢蓝莓果酱和蓝莓干，可以换其他口味的果酱和果干哟。
2. 糖水做法：50 克水加 10 克糖煮开，加入 5 克朗姆酒拌匀就可以啦。
3. 出炉趁热刷糖水，凉到温热就可以包起来了，室温储存，一天后食用味道更佳。

◎ 做法 ZUOFA

1. 120 克无盐黄油室温软化，加入 40 克糖粉。

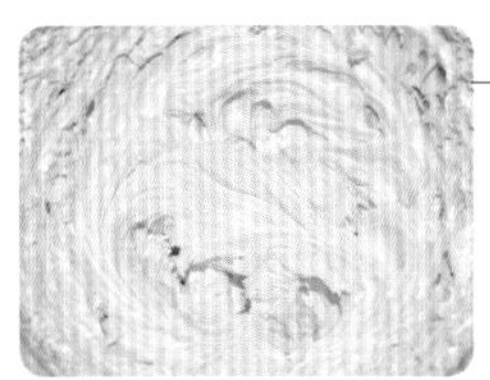

2. 用电动打蛋器先低速打发 1 分钟，再高速打发 4 分钟。

3. 2 个鸡蛋打散，分 6 次加入黄油中，每加入一次都要用电动打蛋器打匀再加入下一次。

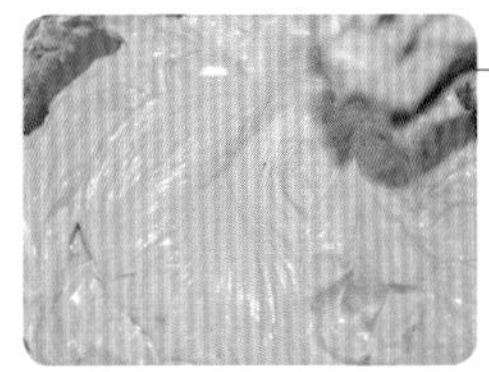

4. 加入鸡蛋后的状态如图所示。

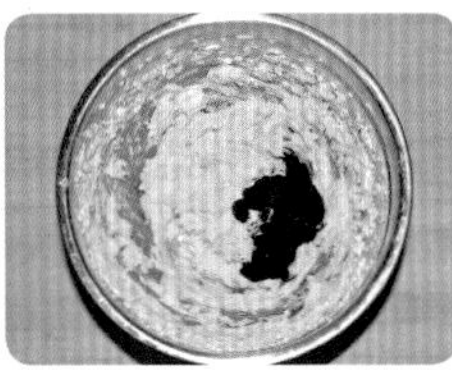

5. 加入 60 克蓝莓果酱。

6. 搅拌均匀。

7. 筛入 140 克低筋面粉、2 克无铝泡打粉。

8. 搅拌均匀，搅拌次数 80 下以上。

9. 再加入 40 克蓝莓干。

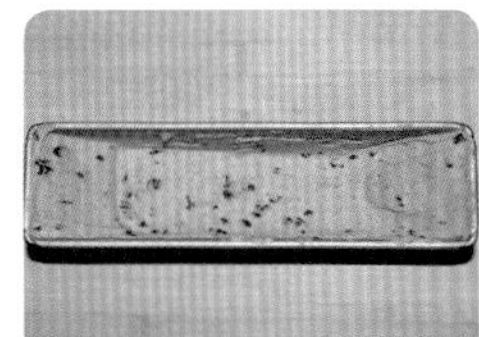

10. 倒入事先抹好黄油的模具中，把面糊抹成中间低、两边高的状态。

11. 送入预热好的烤箱，中下层，上下火，180 摄氏度烘烤 45 分钟。

12. 出炉后刷糖水，包好，室温存放一天后食用。

HONGTANGGUOGANBANGDANGAO

红糖果干磅蛋糕

果干多得好像从蛋糕中溢了出来，咬下去这满满的红糖香气，太好吃啦……

◎ 原料 YUANLIAO

果干层：
无盐黄油 40 克
红糖 30 克
干果 120 克

鸡蛋 2 个
低筋面粉 120 克
无铝泡打粉 2 克
蔓越莓干 30 克

蛋糕体：
无盐黄油 120 克
糖粉 60 克

模具：
8 英寸圆形固底不粘蛋糕模具

二狗妈妈碎碎念

1. 黄油一定要提前软化，达到用手轻按有坑的状态。
2. 鸡蛋要用常温的。
3. 干果提前 130 摄氏度烘烤 15 分钟左右烤香，选您喜欢的就好，不一定要与我用一样的哟。
4. 包好室温储存，一天后食用味道更佳。

◎ 做法 ZUOFA

1. 40 克无盐黄油软化后，抹在 8 英寸圆形固底不粘蛋糕模具里。

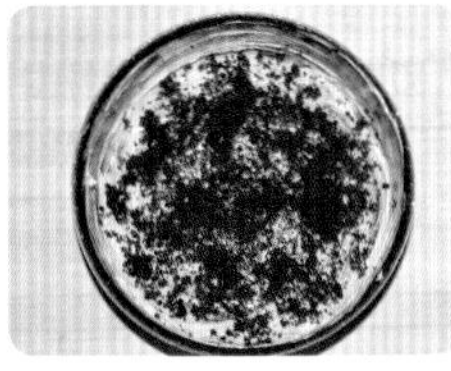

2. 再均匀地撒一层红糖（约 30 克）。

3. 铺一层干果（约 120 克），放入冰箱冷藏备用。

4. 120 克无盐黄油室温软化，加入 60 克糖粉。

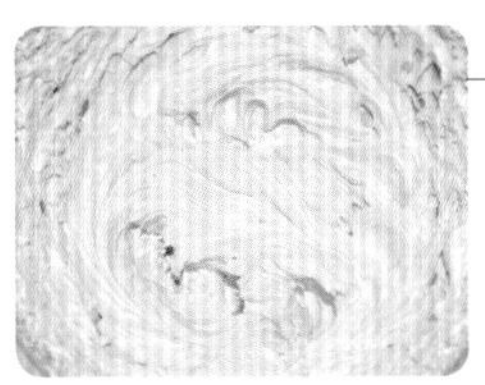

5. 用电动打蛋器先低速打发 1 分钟，再高速打发 4 分钟。

6. 2 个鸡蛋打散，分 6 次加入黄油中，每加入一次都要用电动打蛋器打匀再加入下一次。

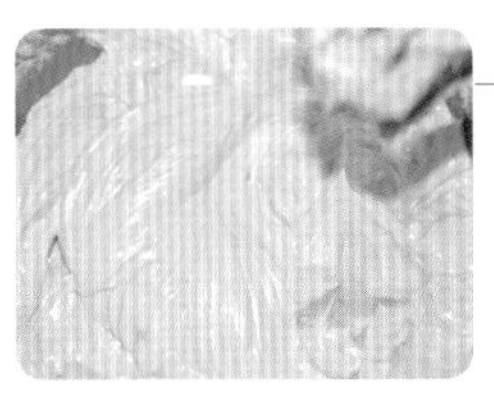

7. 加入鸡蛋后的状态如图所示。

8. 筛入 120 克低筋面粉、2 克无铝泡打粉。

9. 搅拌均匀，搅拌次数 80 下以上。

10. 加入 30 克蔓越莓干。

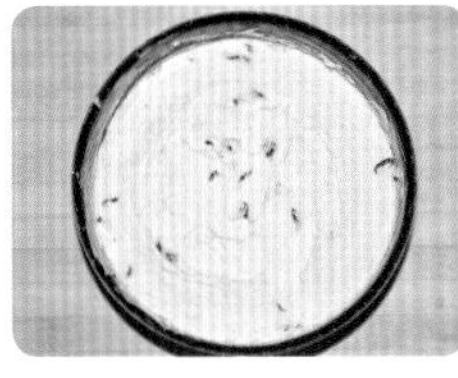

11. 倒入之前准备好的模具中，抹平表面。

12. 送入预热好的烤箱，中下层，上下火，180 摄氏度烘烤 35 分钟，出炉后倒扣，凉透后筛上糖粉装饰。

CAOMEIQIAOKELIBANGDANGAO

草莓巧克力磅蛋糕

草莓和巧克力的搭配，吃起来味道非常美妙……

◎ 原料 YUANLIAO

无盐黄油 100 克
红糖 80 克
鸡蛋 2 个
草莓酱 60 克
低筋面粉 120 克
可可粉 15 克
无铝泡打粉 3 克
鲜草莓丁 40 克

表面装饰：
淡奶油 80 克
黑巧克力碎 80 克
鲜草莓约 200 克
大杏仁片适量

模具：
20 厘米 ×20 厘米正方形蛋糕模具

二狗妈妈碎碎念

1. 红糖事先放进保鲜袋中，用擀面杖擀碎后再用。
2. 鸡蛋要用常温的。
3. 鲜草莓不要加太多，因为鲜果会出水哟。
4. 冷藏储存，3 天内吃完哟。

◎ 做法 ZUOFA

1. 100 克无盐黄油加 80 克红糖放入盆中。

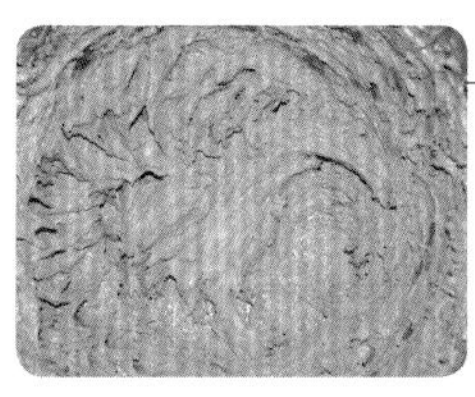

2. 用电动打蛋器先低速打发 1 分钟，再高速打发 4 分钟。

3. 2 个鸡蛋打散，分 6 次加入黄油中，每加入一次都要用电动打蛋器打匀再加入下一次。

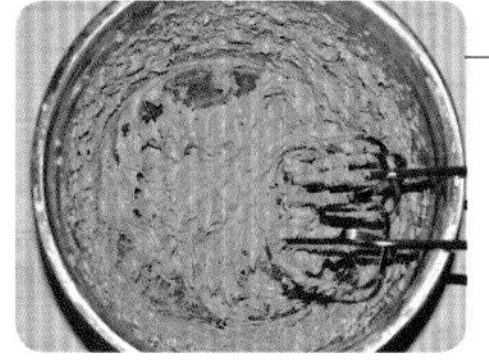

4. 加入鸡蛋后的状态如图所示。

5. 加入 60 克草莓酱。

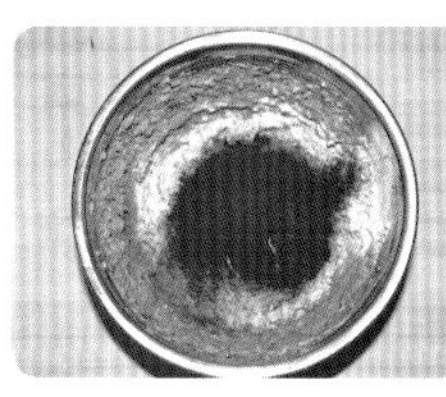

6. 搅拌均匀后，筛入 120 克低筋面粉、15 克可可粉、3 克无铝泡打粉。

7. 搅拌均匀，搅拌次数 80 下以上。

8. 加入 40 克鲜草莓丁。

9. 搅拌均匀后倒入抹好油的模具中，抹平表面。

10. 送入预热好的烤箱，中下层，上下火，180 摄氏度烘烤 25 分钟，出炉脱模，放凉。

11. 80 克淡奶油加 80 克黑巧克力碎放入小锅中。

12. 小火加热至黑巧克力熔化。

13. 蛋糕架下放一个烤盘，把巧克力淋在蛋糕上。

14. 装饰鲜草莓和杏仁片，送入冰箱冷藏至巧克力凝固，就可以切块食用啦。

3只憨憨的小熊，有没有想到那首韩国歌曲？有没有想到唱这首歌时美丽的她？

NANGUAXIAOXIONGBANGDANGAO

南瓜小熊磅蛋糕

◎ 原料 YUANLIAO

无盐黄油 150 克
糖 100 克
鸡蛋 3 个
南瓜泥 100 克
低筋面粉 200 克
无铝泡打粉 3 克
熟南瓜子仁 30 克
葡萄干 60 克

表面装饰：
淡奶油 100 克
黑巧克力碎 100 克
熔化的黑白巧克力适量

模具：
4 英寸半圆形模具 3 个

二狗妈妈碎碎念

1. 黄油一定要提前软化，达到用手轻按有坑的状态。
2. 鸡蛋要用常温的。
3. 南瓜要蒸熟凉透哟。
4. 如果不想做小熊的造型，那就无所谓用什么形状的模具咯，这些面糊的量可以用一个 8 英寸模具，烘烤时间不变。
5. 冷藏储存，3 天内吃完哟。

◎ 做法 ZUOFA

1. 150 克无盐黄油室温软化后，加入 100 克糖。

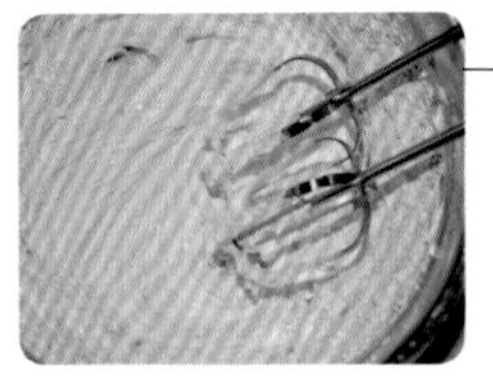

2. 用电动打蛋器先低速打发 1 分钟，再高速打发 4 分钟。

3. 3 个鸡蛋打散，分 6~8 次加入黄油中，每加入一次都要用电动打蛋器打匀再加入下一次。

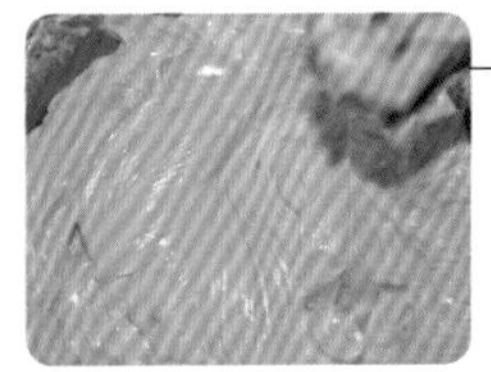

4. 加入鸡蛋后的状态如图所示。

5. 加入 100 克南瓜泥。

6. 用电动打蛋器搅打均匀。

7. 筛入 200 克低筋面粉、3 克无铝泡打粉。

8. 搅拌均匀，搅拌次数 80 下以上。

9. 加入 30 克熟南瓜子仁、60 克葡萄干。

10. 倒入 4 英寸半圆形模具中。

11. 送入预热好的烤箱，中下层，上下火，180 摄氏度烘烤 40 分钟，出炉后倒扣脱模，放凉备用。

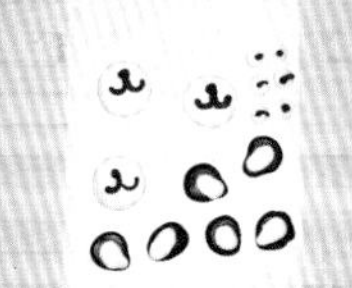

12. 用熔化的黑白巧克力在油纸上画出小熊的鼻子、眼睛和耳朵，放入冰箱冷冻10分钟。

13. 100 克淡奶油加 100 克黑巧克力碎放入小锅中。

14. 小火加热至黑巧克力熔化。

15. 蛋糕架下放一个烤盘，把巧克力淋在蛋糕上。

16. 把小熊的耳朵、眼睛和鼻子分别粘在合适的位置上，冰箱冷藏至凝固。

OREO

CHAPTER 6

基础蛋糕卷

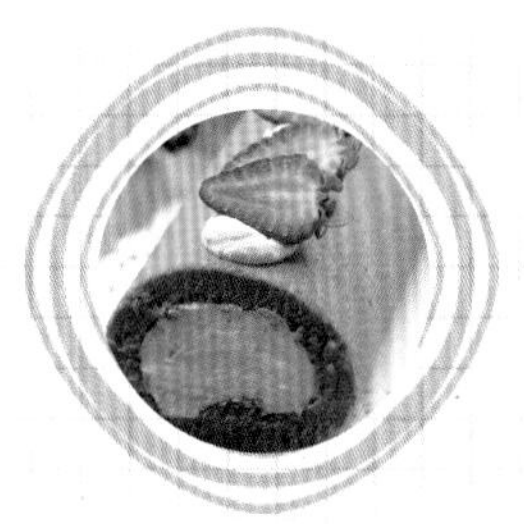
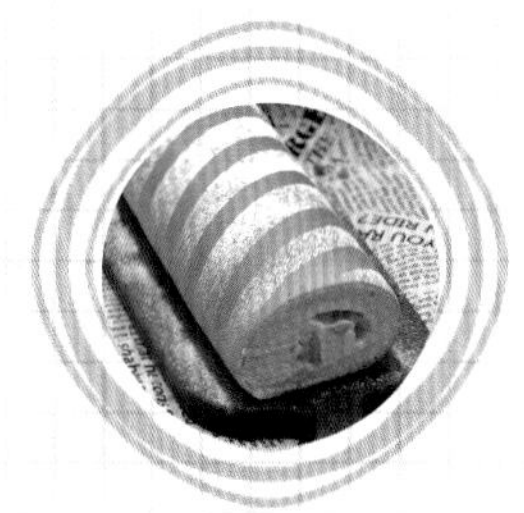

我非常喜欢吃蛋糕卷，尤其是口感轻盈的戚风蛋糕卷，所以这本书里所有蛋糕卷我都用的戚风蛋糕卷的做法，不仅是因为它好吃，还因为它好做，掌握起来比较容易。

本章节的基础蛋糕卷，我选用了 4 种颜色，稍加装饰，就非常有卖相哟……

YUANWEIQIFENGDANGAOJUAN
原味戚风
蛋糕卷
简简单单，像一位不爱说话的女子，静静地守候在窗前，是有心事了吗？还是在等心里的他……

◎ 原料 YUANLIAO

蛋糕片：
鸡蛋 4 个
玉米油 30 克
牛奶 60 克
低筋面粉 60 克
糖 30 克

水果奶油夹心：
淡奶油 300 克
糖 10 克
新鲜水果适量

模具：
28 厘米 ×28 厘米正方形烤盘

二狗妈妈碎碎念

1. 冷藏后的鸡蛋清更好打发，不要打得过硬，随时观察打发状态，提起打蛋器，是一个长一些、弯一些的尖角哟。
2. 淡奶油一定要用动物性淡奶油，冷藏至少12 小时以上再打发，如果天气炎热，室温过高，可以在淡奶油盆下垫冰水进行打发，或者把淡奶油放冰箱冷冻10分钟后再打发。
3. 这款蛋糕卷我做的是正卷，就是烤制面朝外，您也可以做成反卷。切蛋糕卷的时候，刀最好在热水中蘸一下擦干再切，每切一刀都要这样处理一下，切面会更漂亮。

◎ 做法 ZUOFA

1. 28 厘米 ×28 厘米正方形烤盘铺油布备用，烤箱 190 摄氏度预热。

2. 将 4 个鸡蛋分开蛋清、蛋黄，蛋清盆中一定无油无水。

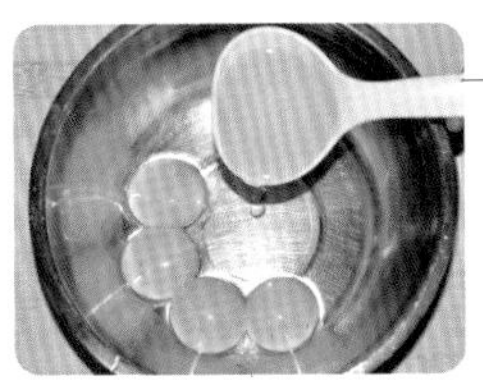

3. 蛋黄盆中加入 30 克玉米油。

4. 搅拌均匀后加入 60 克牛奶。

5. 搅拌均匀后筛入 60 克低筋面粉。

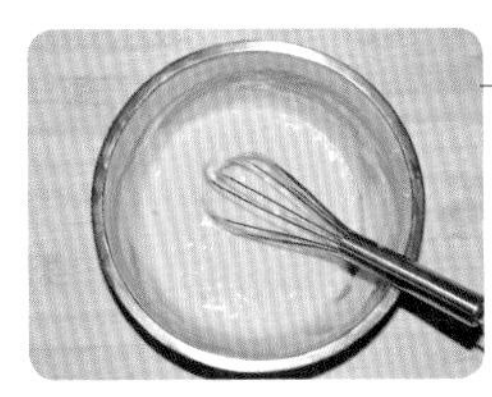

6. 搅拌均匀，备用。

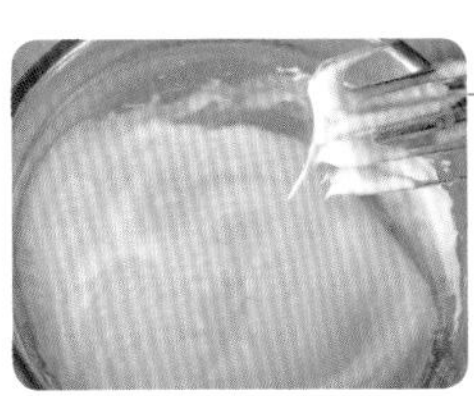

7. 蛋清盆中加入 30 克糖后打发，至提起打蛋器，打蛋头上有个长一些的弯角。

8. 挖一大勺蛋清到蛋黄盆中。

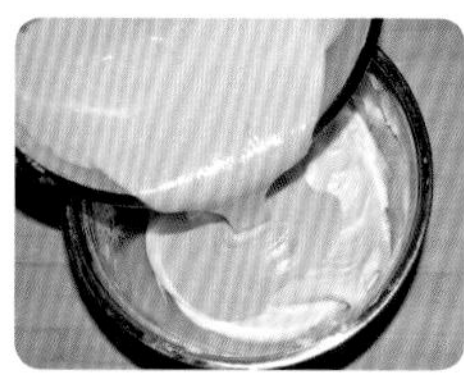

9. 翻拌均匀后倒入蛋清盆。

10. 倒入烤盘中。

11. 抹平表面后，震出大气泡，送入预热好的烤箱，中层，上下火，190 摄氏度烘烤 12 分钟。

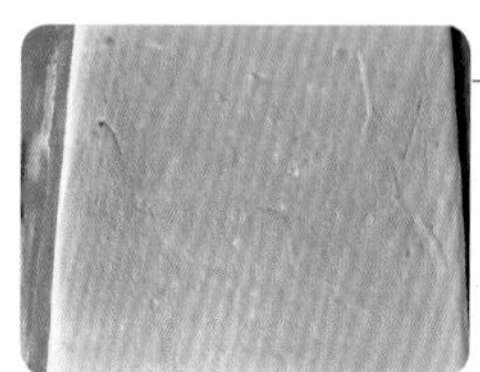

12. 出炉后立即揪着油布边把蛋糕片移到凉网上。

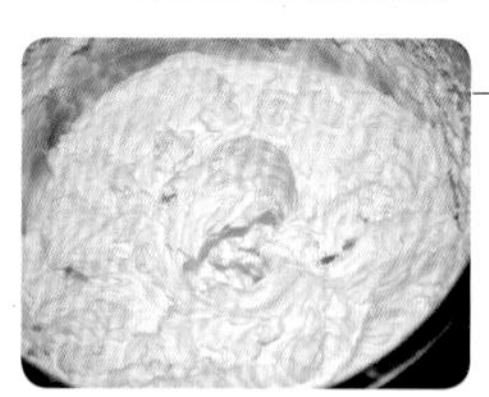

13. 300 克淡奶油加 10 克糖打发到非常浓稠的状态，放入冰箱冷藏备用。

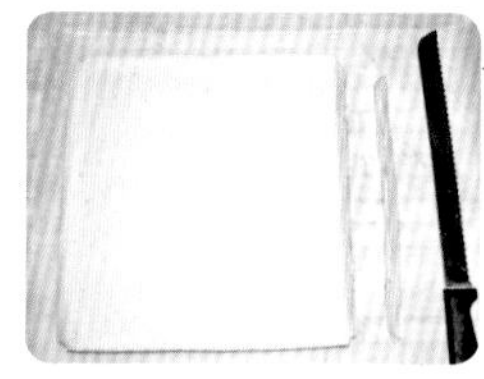

14. 取一张油纸，盖住蛋糕片，注意有一边多留一些油纸，连同油纸一同翻面，油纸长的一边朝右，斜切去尾端。

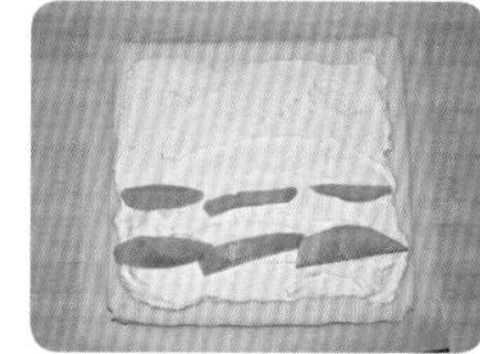

15. 蛋糕片尾端朝上，把 2/3 打发好的淡奶油抹在蛋糕片上，在靠近自己这边码放自己喜欢的水果。

16. 用剩余淡奶油盖住水果。

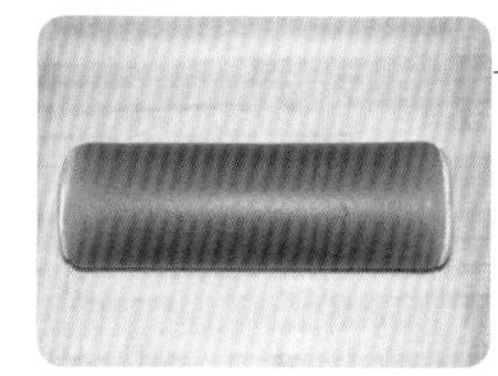

17. 用擀面杖辅助卷成蛋糕卷，送入冰箱冷藏半小时后，切块食用。

MOCHAHONGDOUDANGAOJUAN

抹茶红豆蛋糕卷

抹茶的清香和那一丝丝的微苦，与红豆的甜香软糯融合得天衣无缝……

◎ 原料 YUANLIAO

蛋糕片：
牛奶 80 克
玉米油 40 克
抹茶粉 10 克
低筋面粉 50 克
鸡蛋 4 个
糖 40 克
糖 10 克
红豆馅约 200 克

夹心：
淡奶油 300 克

模具：
28 厘米 ×28 厘米正方形烤盘

二狗妈妈碎碎念

1. 淡奶油一定要用动物性淡奶油，冷藏至少 12 小时以上再打发，如果天气炎热，室温过高，可以在淡奶油盆下垫冰水进行打发，或者把淡奶油放入冰箱冷冻 10 分钟后再打发。

2. 抹茶粉要选用品质好的，颜色才会漂亮，红豆馅可以自己做，也可以用市售的。

3. 自制红豆馅：500 克红小豆放盆中浸泡 8 小时，放锅中加入足量水煮开，撇掉浮沫后小火煮至软烂（约 40 分钟），煮好的红豆滤去水分放入炒锅，加入 100 克糖和 60 克玉米油，中火炒制黏稠即可关火，加入一大勺玫瑰酱或桂花酱拌匀，凉透使用。

◎ 做法 ZUOFA

1. 将 28 厘米 ×28 厘米正方形烤盘铺油布备用，烤箱 190 摄氏度预热。

2. 80 克牛奶加 10 克抹茶粉搅拌均匀，再加入 40 克玉米油搅拌均匀。

3. 筛入 50 克低筋面粉。

4. 搅拌均匀。

5. 将 4 个鸡蛋分开蛋清、蛋黄，蛋黄直接放到抹茶面糊中，蛋清盆中一定无油无水。

6. 蛋黄与抹茶面糊搅拌均匀。

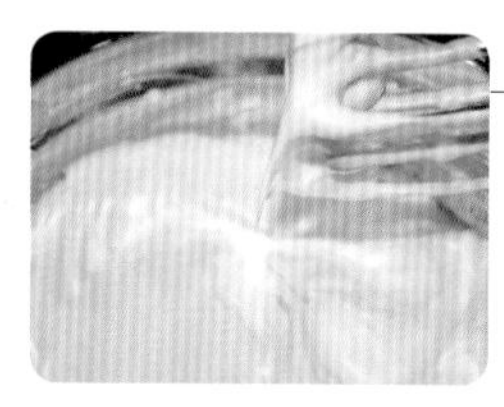

7. 蛋清加入 40 克糖后打发至提起打蛋器，有一个长弯角。

8. 挖一大勺蛋清到抹茶面糊中。

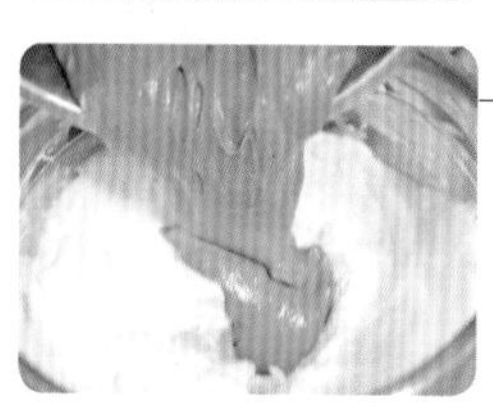

9. 切拌均匀后倒入蛋清盆中。

10. 切拌均匀。

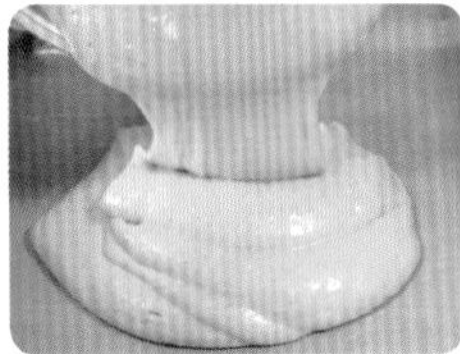

11. 倒入烤盘。

12. 用刮刀抹平。

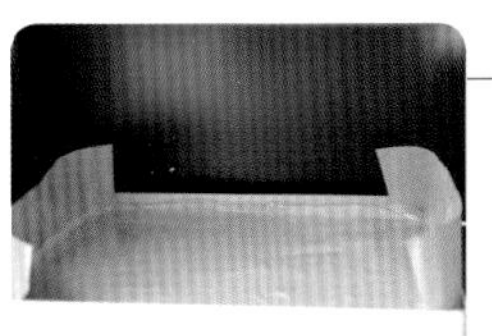

13. 送入烤箱，中层，上下火，190 摄氏度烘烤 12 分钟。

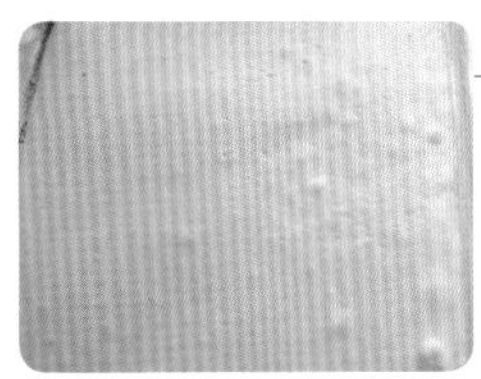

14. 出炉后立即揪着油布边把蛋糕片移到凉网上。

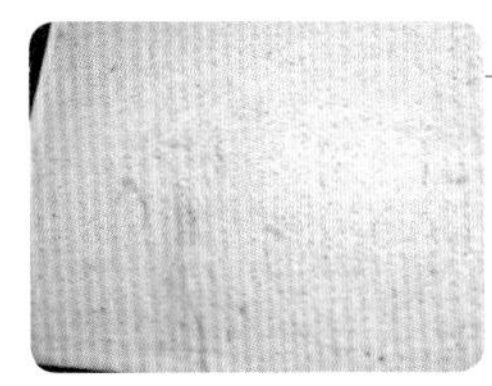

15. 凉透后翻面，揭去油布。

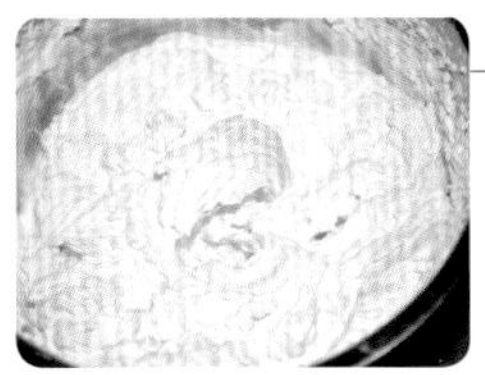

16. 300 克淡奶油加 10 克糖打发到非常浓稠的状态，放入冰箱冷藏备用。

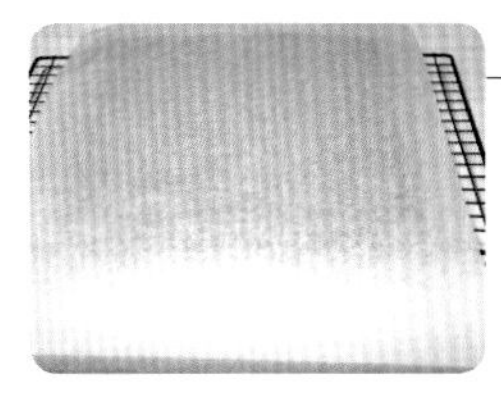

17. 取一张油纸，盖住蛋糕片，注意有一边留多一些油纸。

18. 连同油纸一同翻面，斜切掉尾端。

19. 蛋糕片尾端朝上，把 2/3 打发好的淡奶油抹在蛋糕片上。

20. 在离自己近的这边放一条红豆馅。

21. 用剩余淡奶油盖住红豆。

22. 用擀面杖辅助把蛋糕片卷起来。

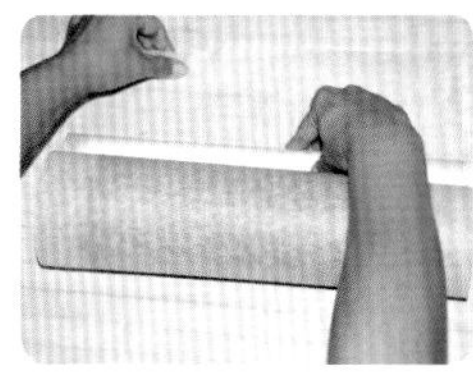

23. 左手拉住油纸往上使劲，右手用擀面杖卷住油纸往里使劲拉紧，卷好后冰箱冷藏至少半小时后，切块食用。

QIAOKELIDANGAOJUAN
巧克力
蛋糕卷
软香的蛋糕，醇厚丝滑的夹心，还有什么比吃一口它更美好的事情呢？
OREO

◎ 原料 YUANLIAO

蛋糕片：
鸡蛋 4 个
玉米油 30 克
牛奶 60 克
低筋面粉 50 克
可可粉 10 克
糖 40 克

巧克力奶油夹心：
淡奶油 200 克
糖 10 克
黑巧克力 150 克

表面装饰：
打发好的淡奶油适量
奥利奥饼干 4 片
鲜草莓粒少许
蓝莓少许

模具：
28 厘米 ×28 厘米正方形烤盘

二狗妈妈碎碎念

1. 熔化黑巧克力时温度一定不要过高，以免造成水油分离。
2. 表面装饰可根据自己的喜好，不装饰就已经很美味啦。

◎ 做法 ZUOFA

1. 将 28 厘米 ×28 厘米正方形烤盘铺油布备用，烤箱 190 摄氏度预热。

2. 将 4 个鸡蛋分开蛋清、蛋黄，蛋清盆中一定无油无水。

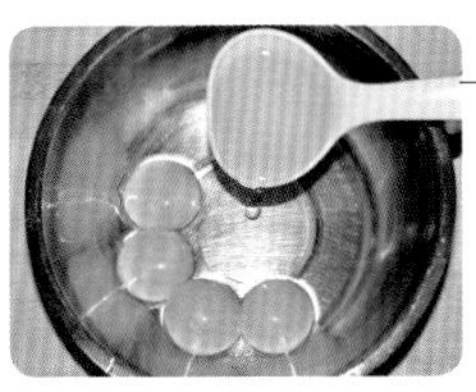

3. 蛋黄盆中加入 30 克玉米油。

4. 搅拌均匀后加入 60 克牛奶。

5. 筛入 50 克低筋面粉、10 克可可粉。

6. 搅拌均匀，备用。

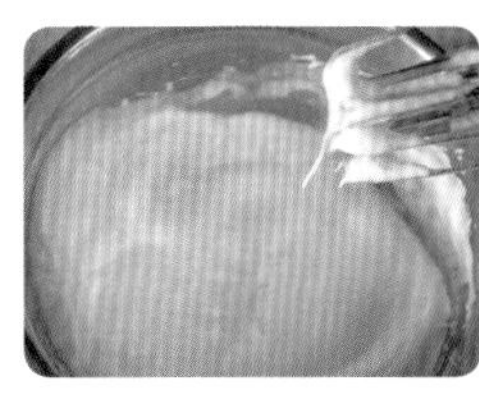

7. 蛋清盆中加入 40 克糖后打发，至提起打蛋器，打蛋头上有个长一些的弯角。

8. 挖一大勺蛋清到蛋黄盆中。

9. 翻拌均匀后倒入蛋清盆。

10. 翻拌均匀。

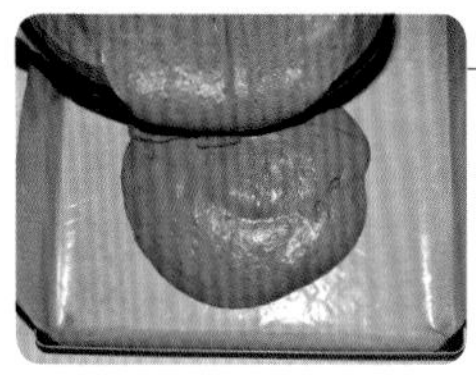

11. 倒入烤盘。

12. 抹平表面后，震出大气泡，送入预热好的烤箱，中层，上下火，190 摄氏度烘烤 12 分钟。

13. 出炉后立即揪着油布边把蛋糕片移到凉网上。

14. 放凉后翻面。

15. 150 克黑巧克力放入小锅中，隔水加热至黑巧克力熔化。

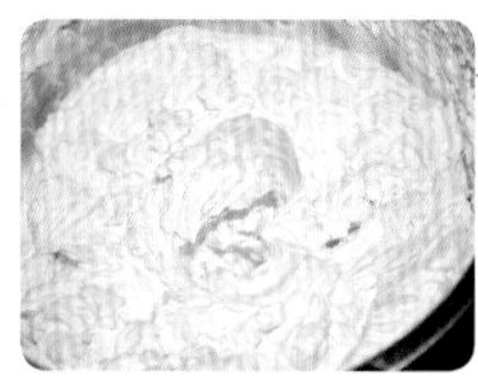

16. 200 克淡奶油加 10 克糖后打发到非常浓稠状。

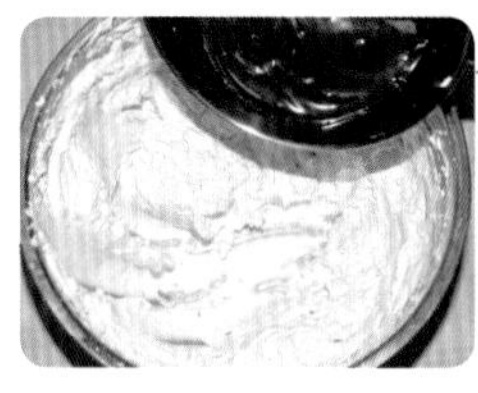

17. 把黑巧克力液加入淡奶油中。

18. 用电动打蛋器搅打均匀。

19. 取一张油纸，盖住蛋糕片，连同蛋糕片一起翻面，在蛋糕片上抹巧克力淡奶油，注意靠近自己这边抹厚一些。

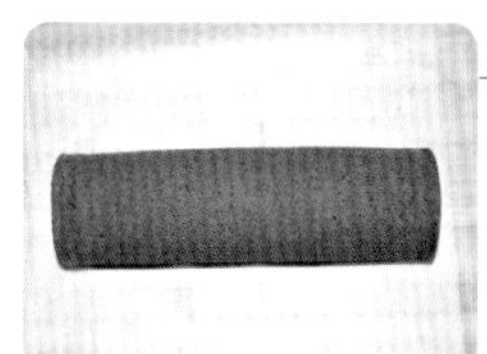

20. 用擀面杖辅助卷起来，表面可用打发的淡奶油和鲜草莓粒、蓝莓、奥利奥饼干做装饰，也可以不做装饰哟。

HONGSIRONGDANGAOJUAN
红丝绒
蛋糕卷
如果说原味蛋糕卷像一位安静的女子，那红丝绒蛋糕卷一定是她化好妆、穿上红色礼服，准备参加舞会的样子……

◎ 原料 YUANLIAO

蛋糕片：
鸡蛋 4 个
玉米油 30 克
牛奶 60 克
低筋面粉 60 克
红丝绒专用色素 8 滴
糖 30 克

奶油夹心：
淡奶油 300 克
糖 10 克

模具：
28 厘米 ×28 厘米
正方形烤盘

二狗妈妈碎碎念

1. 没有红丝绒专用色素，可用 5 克红曲粉替换 5 克低筋面粉。
2. 表面装饰可以随意。

◎ 做法 ZUOFA

1. 将 28 厘米 ×28 厘米正方形烤盘铺油布备用，烤箱 190 摄氏度预热。

2. 将 4 个鸡蛋分开蛋清、蛋黄，蛋清盆中一定无油无水。

3. 蛋黄盆中加入 30 克玉米油。

4. 搅拌均匀后加入 60 克牛奶。

5. 搅拌均匀后筛入 60 克低筋面粉。

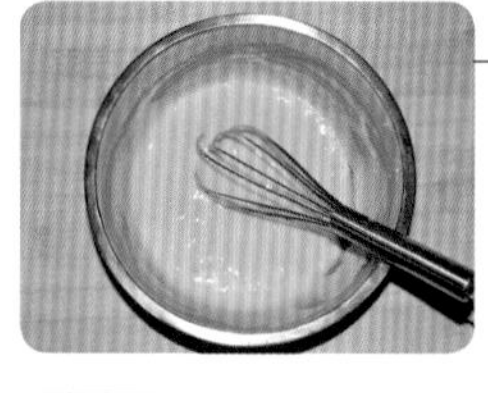

6. 搅拌均匀。

7. 在面糊中滴入 8 滴红丝绒专用色素。

8. 搅拌均匀，备用。

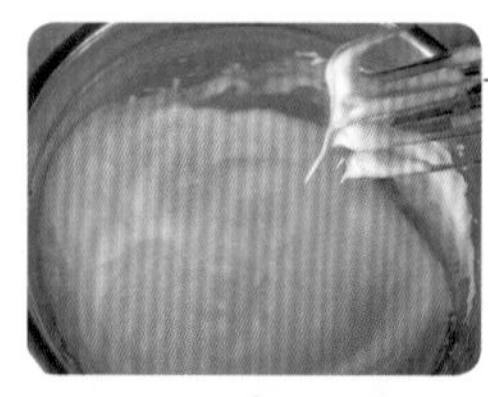

9. 蛋清盆中加入 30 克糖后打发，至提起打蛋器，打蛋头上有个长一些的弯角。

10. 挖一大勺蛋清到蛋黄盆中。

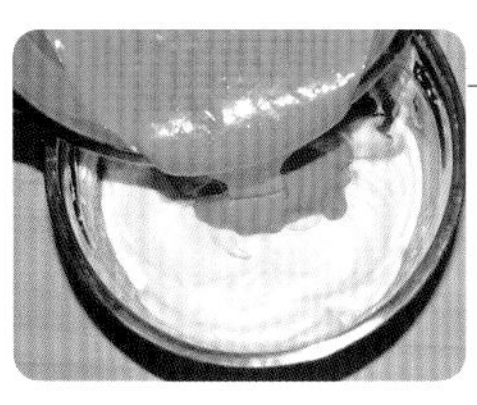

11. 翻拌均匀后倒入蛋清盆。

12. 翻拌均匀。

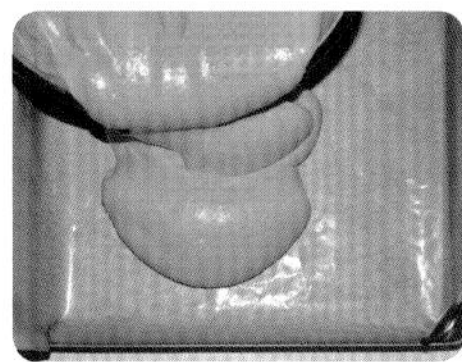

13. 倒入烤盘。

14. 抹平表面后，震出大气泡，送入预热好的烤箱，中层，上下火，190 摄氏度烘烤 12 分钟。

15. 出炉后立即揪着油布边把蛋糕片移到凉网上。

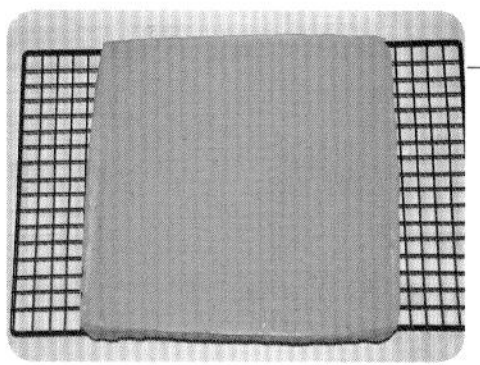

16. 放凉后翻面。

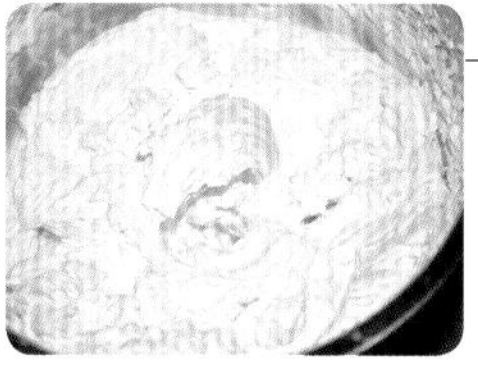

17. 300 克淡奶油加 10 克糖后打发到非常浓稠的状态，冰箱冷藏备用。

18. 取一张油纸，盖住蛋糕片，连同蛋糕片一起翻面，在蛋糕片上抹打发好的淡奶油，注意靠近自己这边抹厚一些。

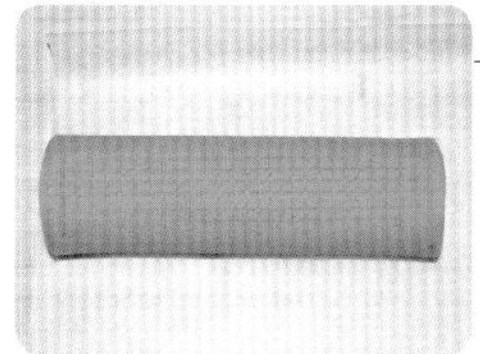

19. 用擀面杖辅助卷起来，送入冰箱冷藏、定型半小时后，切块食用。

彩绘蛋糕卷

彩绘蛋糕卷，就是在蛋糕片上画上美丽的图案，那图案有很多很多，本章节里选用的9款图案，不知道有没有您喜欢的？如果没有，按照方法，也可以做出属于您自己的彩绘蛋糕卷。

现在很多老师教的彩绘蛋糕卷是彩绘图案面糊和蛋糕体面糊分开的，那样的图案更细腻、更好看，不过更需要您的耐心。我的这些彩绘卷，大多使用的是后期画上去的方法，虽然不细腻，但也很好看呢！

知道您一定会说：我不会画画怎么办？没关系，把书翻到最后，有彩绘蛋糕卷图纸哟！

有了豹纹，蛋糕卷是不是也
性感起来了？
BAOWENDANGAOJUAN
豹纹
蛋糕卷

◎ 原料 YUANLIAO

蛋糕片：
鸡蛋 4 个
玉米油 30 克
牛奶 60 克
低筋面粉 60 克
糖 30 克
纯黑可可粉少许
普通可可粉少许

水果奶油夹心：
淡奶油 300 克
糖 10 克
新鲜水果适量
蔓越莓干适量

模具：
28 厘米 ×28 厘米
正方形烤盘

二狗妈妈碎碎念

1. 如果不喜欢豹纹，可以只做纯黑的面糊，随意在油布上点上大小不一的圆点，就是斑点狗纹咯，或者把黑面糊画大一些，就是奶牛纹咯。
2. 强烈建议用油布，虽然透明度稍差，但撕去油布后，蛋糕片的效果很好哟。

◎ 做法 ZUOFA

1. 28 厘米 ×28 厘米正方形烤盘铺油布备用，烤箱 190 摄氏度预热。

2. 将 4 个鸡蛋分开蛋清、蛋黄，蛋清盆中一定无油无水。

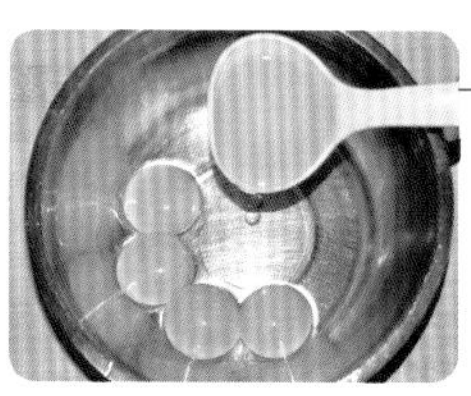

3. 蛋黄盆中加入 30 克玉米油。

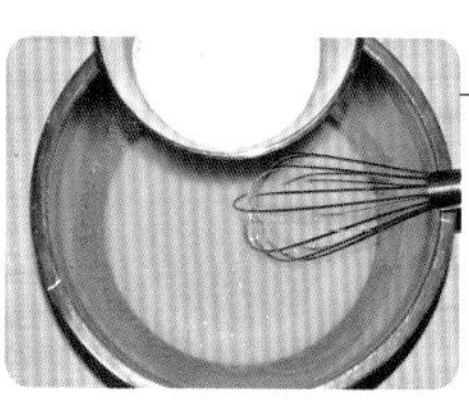

4. 搅拌均匀后加入 60 克牛奶。

5. 搅拌均匀后筛入 60 克低筋面粉。

6. 搅拌均匀，备用。

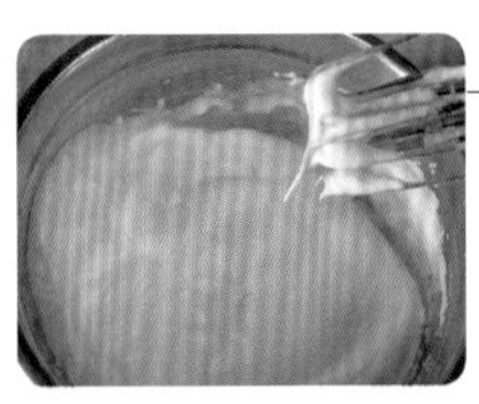

7. 蛋清盆中加入 30 克糖后打发，至提起打蛋器，打蛋头上有个长一些的弯角。

8. 挖一大勺蛋清到蛋黄盆中。

9. 翻拌均匀后倒入蛋清盆。

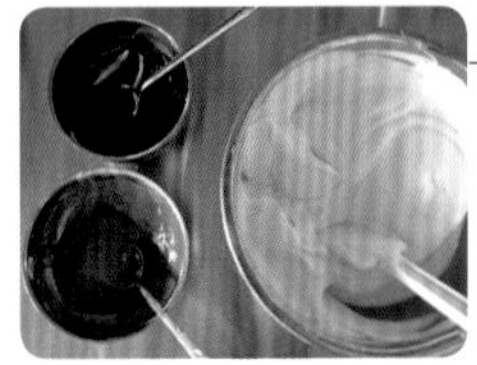

10. 翻拌均匀，取 2 个小碗，各盛出一点儿面糊，分别加纯黑可可粉和普通可可粉，调成黑色和咖啡色两种面糊，装入裱花袋。

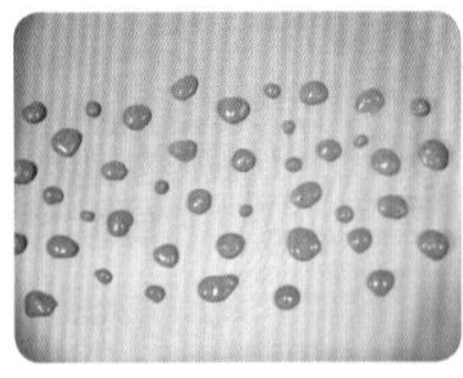

11. 先用咖啡色面糊在油布上随意挤一些大小不一的点点。

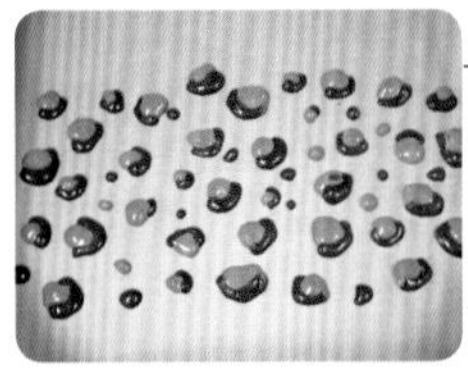

12. 再用黑色面糊沿着咖啡色面糊边缘挤，注意不是全包围，而是半包围哟。

13. 送入烤箱，中层，上下火，190 摄氏度烘烤 90 秒后取出，把大盆中的面糊倒入烤盘。

14. 用刮刀抹平表面，送入预热好的烤箱，中下层，上下火，190 摄氏度烘烤 12 分钟。

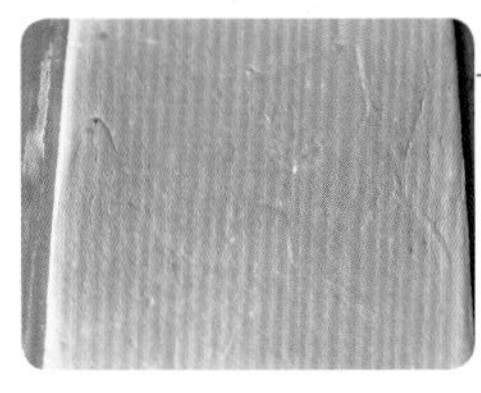

15. 出炉后立即揪着油布边把蛋糕片移到凉网上。

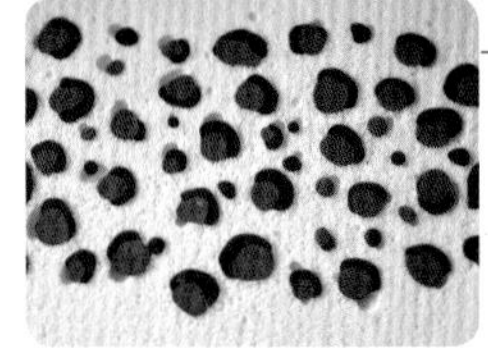

16. 凉透后翻面，揭去油布。

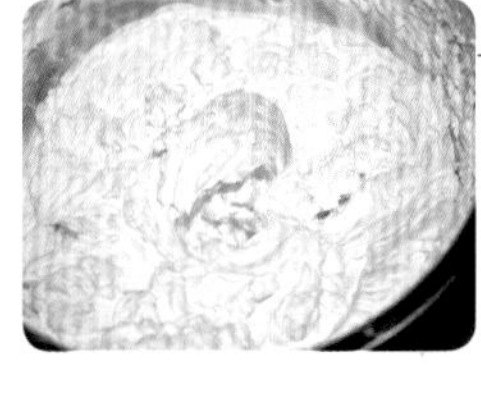

17. 300 克淡奶油加 10 克糖打发到非常浓稠状态，放入冰箱冷藏备用。

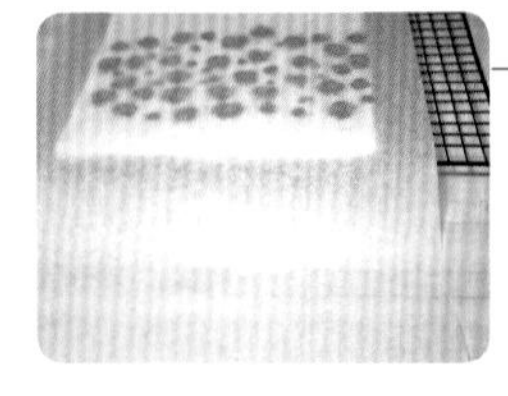

18. 取一张油纸，盖住蛋糕片，注意有一边多留一些油纸。

19. 连同油纸一同翻面，油纸长的一边朝右，斜切去尾端。

20. 蛋糕片尾端朝上，把 2/3 打发好的淡奶油抹在蛋糕片上。

21. 在离自己近的这边码放自己喜欢的水果和蔓越莓干。

22. 用剩余淡奶油盖住水果。

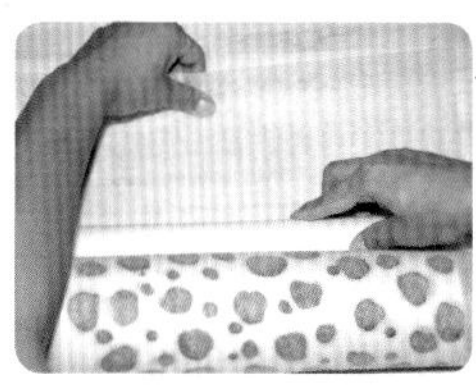

23. 用擀面杖辅助把蛋糕片卷起来，左手拉住油纸往上使劲，右手用擀面杖卷住油纸往里使劲拉紧。

24. 送入冰箱，冷藏至少半小时以上，再切块食用。

XIAOHUANGRENDANGAOJUAN

小黄人蛋糕卷

我觉得自己萌萌哒，我觉得自己发型酷酷哒，那我觉得自己眼镜好拉风哒……

◎ 原料 YUANLIAO

蛋糕片：
鸡蛋 4 个
玉米油 30 克
牛奶 60 克
低筋面粉 60 克
糖 30 克
纯黑可可粉少许
蓝色色素 1 滴
黄色色素 3 滴

水果奶油夹心：
淡奶油 300 克
糖 10 克
新鲜水果适量

模具：
28 厘米 ×28 厘米
正方形烤盘

二狗妈妈碎碎念

1. 注意用油纸卷的时候，靠近图案这边要留长一些，这样，卷到最后，可以左手扯住油纸，右手往里收紧，可以让蛋糕卷更紧实。
2. 小黄人的表情和发型随您创造，不一定和我的一样。

◎ 做法 ZUOFA

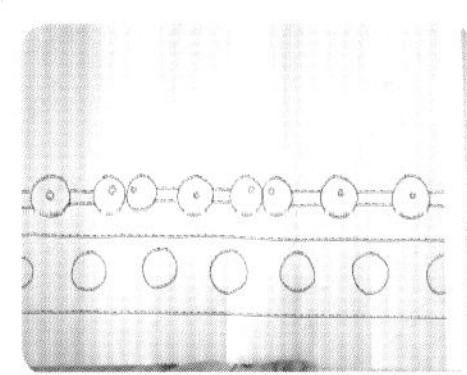

1. 准备好附录提供的彩绘图纸。

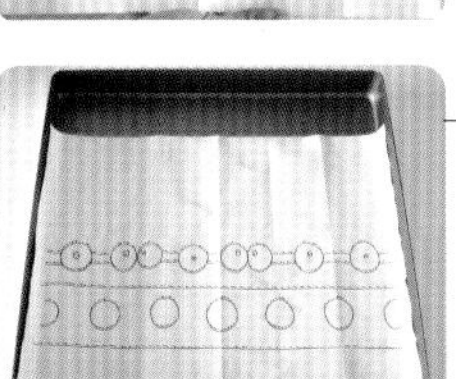

2. 28 厘米 ×28 厘米正方形烤盘淋水后铺图案纸。

3. 在图案纸上铺油布（或者油纸，如果用油纸，要在油纸上用纸巾擦一点玉米油）。

4. 将 4 个鸡蛋分开蛋清、蛋黄，蛋清盆中一定无油无水。

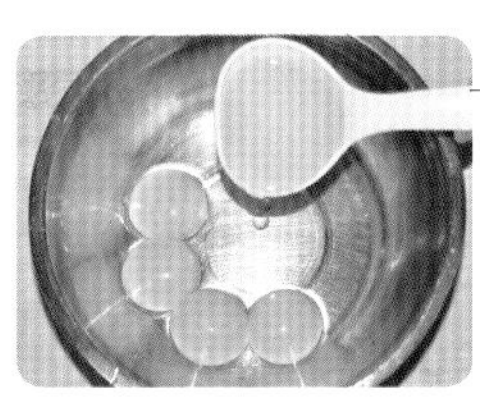

5. 蛋黄盆中加入 30 克玉米油。

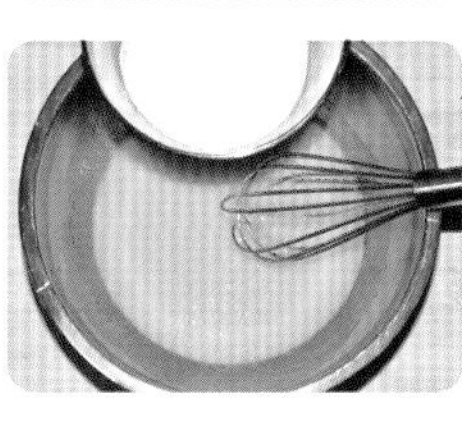

6. 搅拌均匀后加入 60 克牛奶。

7. 搅拌均匀后筛入60克低筋面粉。

8. 搅拌均匀，备用。

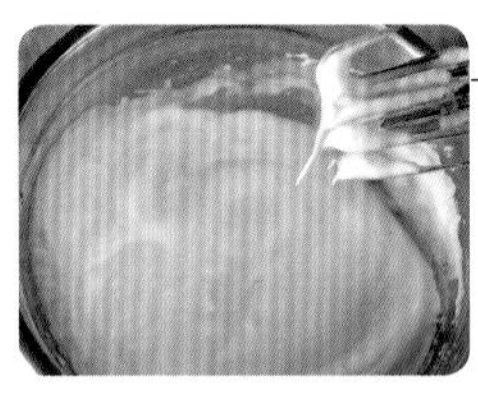

9. 蛋清盆中加入30克糖后打发，至提起打蛋器，打蛋头上有个长一些的弯角。

10. 挖一大勺蛋清到蛋黄盆中。

11. 翻拌均匀后倒入蛋清盆。

12. 再次翻拌均匀。

13. 取少许面糊到裱花袋中备用。

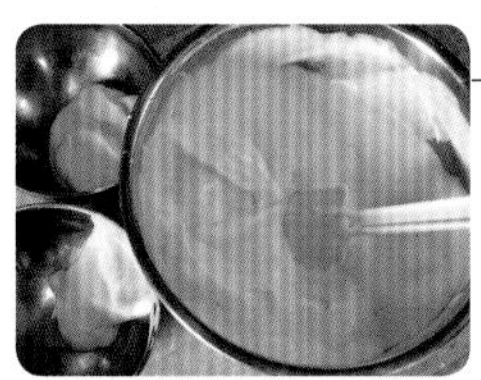

14. 另取2个小碗，分别盛出一点儿面糊（一个多些，一个少些）。

15. 在小碗中分别滴入1滴蓝色色素和少许纯黑可可粉，在大盆中滴入3滴黄色色素，分别翻拌均匀。

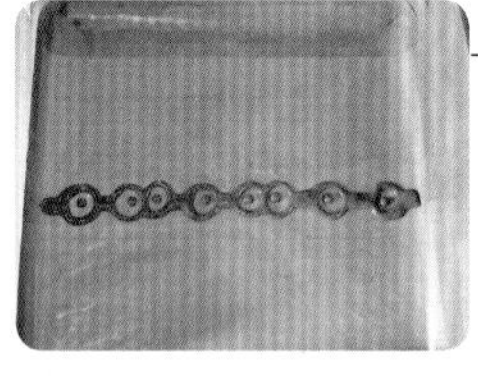

16. 把黑色面糊装入裱花袋，照图案挤出眼睛，送入烤箱，190摄氏度烘烤约60秒。

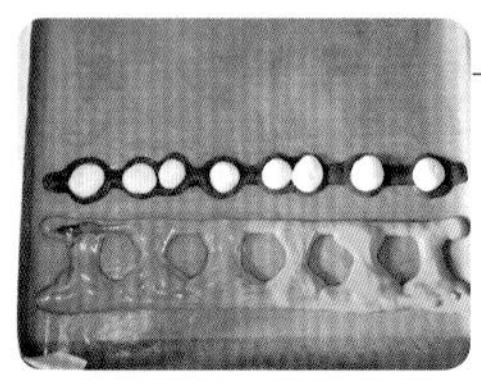

17. 出炉后用白色面糊挤出眼白，用蓝色面糊挤出背带裤，送入烤箱，190摄氏度烘烤120秒。

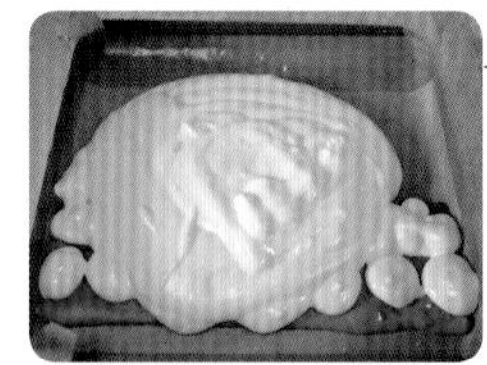

18. 出炉后把黄色面糊倒入烤盘。

19. 用刮刀抹平，震出大气泡后送入烤箱，中下层，上下火190摄氏度烘烤12分钟。

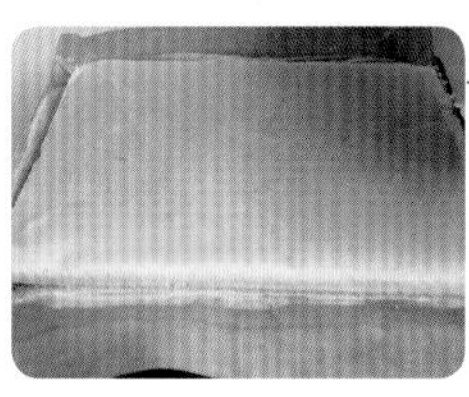

20. 出炉后立即揪着油布边移放在凉网上。

21. 凉至温热，翻面，撕去油布。

22. 将 1 克纯黑可可粉加 5 克左右开水搅匀。

23. 用小毛笔蘸可可水画出头发、嘴巴和裤子上的扣子。

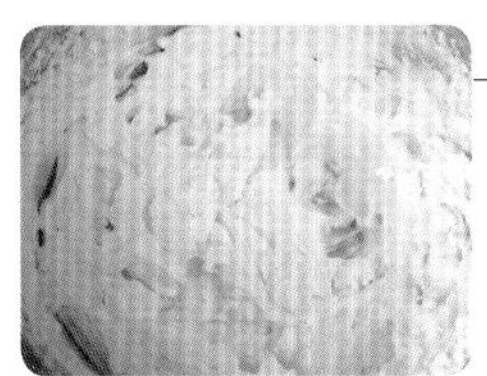

24. 300 克淡奶油加 10 克糖后打发到非常浓稠的状态，放入冰箱冷藏备用。

25. 取一张油纸，盖住蛋糕片，注意有图案这边留多一些油纸。

26. 连同油纸一同翻面，油纸多的一边朝右，斜切去尾端。

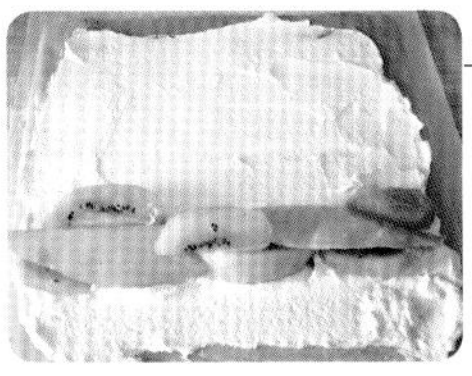

27. 把打发好的淡奶油 2/3 抹在蛋糕片上，在靠近自己的这端码放你喜欢的水果。

28. 用预留的淡奶油盖住水果。

29. 用擀面杖辅助卷起来，送入冰箱冷藏至少 30 分钟后取出，切块食用。

SHENGDANLAORENDANGAOJUAN

圣诞老人蛋糕卷

叮叮当，叮叮当，铃儿响叮当，今晚滑雪多快乐，我们坐在雪橇上……

◎ 原料 YUANLIAO

蛋糕片：
鸡蛋 4 个
玉米油 30 克
牛奶 60 克
低筋面粉 60 克
糖 30 克
纯黑可可粉少许
肉粉色色素少许
大红色色素少许
绿色色素少许

水果奶油夹心：
淡奶油 300 克
糖 10 克
新鲜水果适量

模具：
28 厘米 ×28 厘米
正方形烤盘

二狗妈妈碎碎念

1. 淡奶油一定要用动物性淡奶油，冷藏至少 12 小时以上再打发，如果天气炎热，室温过高，可以在淡奶油盆下垫冰水进行打发，或者把淡奶油放冰箱冷冻 10 分钟后再打发。
2. 色素选用大品牌，上色效果比较好。

◎ 做法 ZUOFA

1. 准备好附录提供的彩绘图纸。

2. 28 厘米 ×28 厘米正方形烤盘淋水后铺图案纸。

3. 在图案纸上铺油布（或者油纸，如果用油纸，要在油纸上用纸巾擦一点玉米油）。

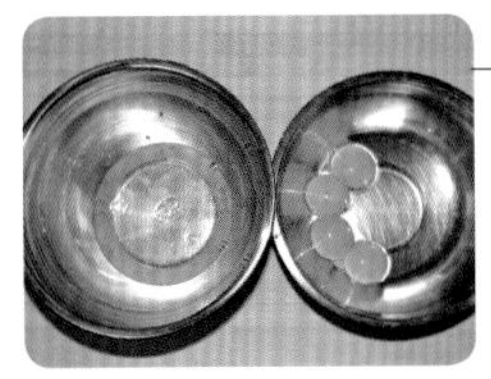

4. 将 4 个鸡蛋分开蛋清、蛋黄，蛋清盆中一定无油无水。

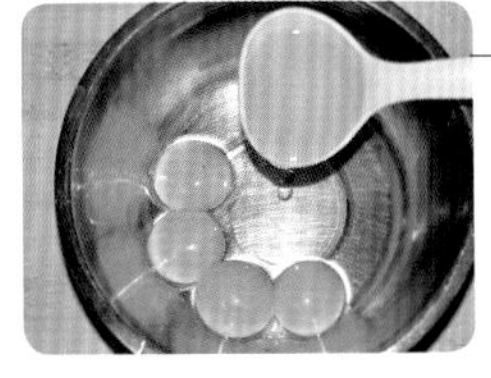

5. 蛋黄盆中加入 30 克玉米油。

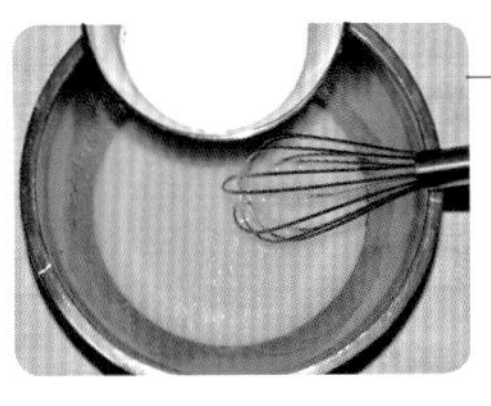

6. 搅拌均匀后加入 60 克牛奶。

7. 搅拌均匀后筛入 60 克低筋面粉。

8. 搅拌均匀，备用。

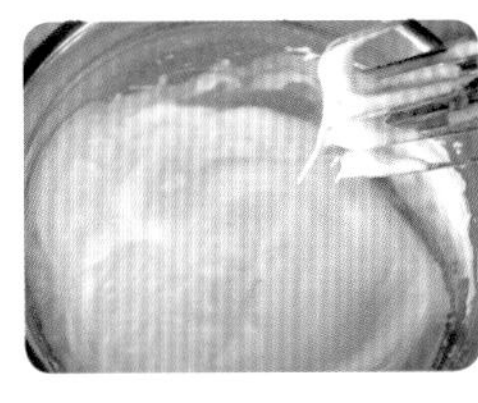

9. 蛋清盆中加入 30 克糖后打发，至提起打蛋器，打蛋头上有个长一些的弯角。

10. 挖一大勺蛋清到蛋黄盆中。

11. 翻拌均匀后倒入蛋清盆。

12. 翻拌均匀。

13. 取一个裱花袋，装入一点面糊备用，取2个小碗，各装入一点面糊，一个加色素调成肉色，一个加色素调成大红色，都装入裱花袋备用。

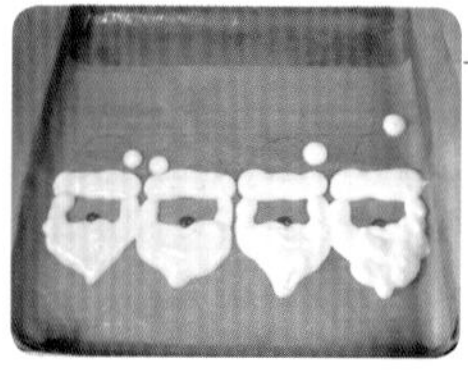

14. 先用红色面糊在烤盘上挤出鼻子，再用白色面糊挤出帽子和胡子，送入烤箱190摄氏度烘烤90秒。

15. 出炉后用肉色面糊挤出脸，红色面糊挤出帽子，再送入烤箱，190摄氏度烘烤90秒。

16. 大盆中的面糊加2滴绿色色素翻拌均匀。

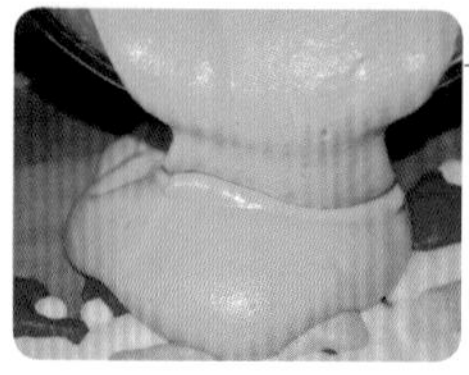

17. 倒入烤盘。

18. 用刮刀抹平，送入烤箱，190摄氏度烘烤12分钟。

19. 出炉后立即揪着油布边把蛋糕片移到凉网上。

20. 蛋糕片凉透后翻面，揭去油布。

21. 将1克纯黑可可粉加5克左右开水搅拌均匀。

22. 用小毛笔蘸可可水描画出圣诞老人的细节，凉5分钟左右。

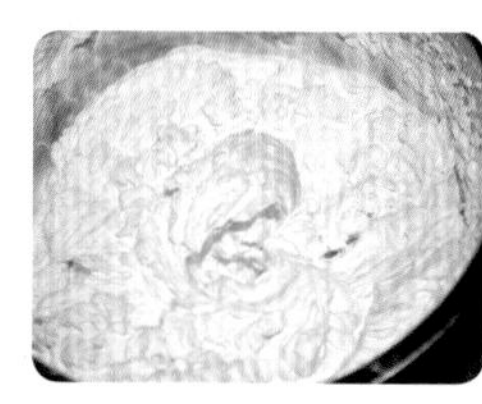

23. 300克淡奶油加10克糖后打发到非常浓稠的状态。

24. 具体卷制手法请参见P121“小黄人蛋糕卷”，送入冰箱冷藏30分钟后，就可以切块食用啦。

FENNUDEXIAONIAODANGAOJUAN

愤怒的小鸟蛋糕卷

我看你不顺眼，你看我也不顺眼，来呀，要不要较量一下？

◎ 原料 YUANLIAO

蛋糕片：
鸡蛋 4 个
玉米油 30 克
牛奶 60 克
低筋面粉 60 克
糖 30 克
纯黑可可粉少许
黄色色素少许
大红色色素少许

水果奶油夹心：
淡奶油 300 克
糖 10 克
新鲜水果适量

模具：
28 厘米 ×28 厘米正方形烤盘

二狗妈妈碎碎念

1. 小鸟的眉毛一定要宽一些才好看。
2. 用细一点儿的毛笔描画细节效果比较好。

◎ 做法 ZUOFA

1. 准备好附录提供的彩绘图纸。

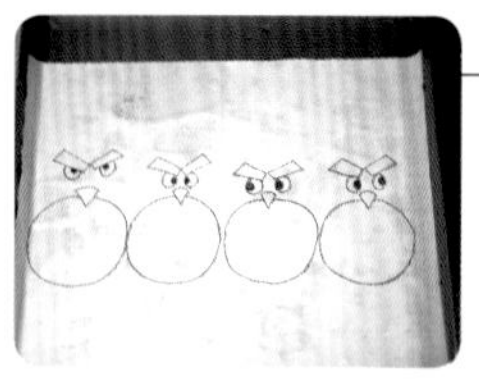

2. 28 厘米 ×28 厘米正方形烤盘淋水后铺图案纸。

3. 在图案纸上铺油布（或者油纸，如果用油纸，要在油纸上用纸巾擦一点玉米油）。

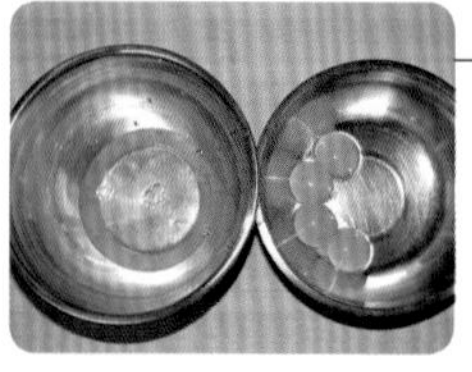

4. 将 4 个鸡蛋分开蛋清、蛋黄，蛋清盆中一定无油无水。

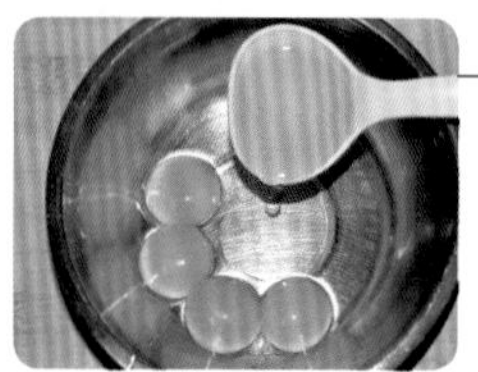

5. 蛋黄盆中加入 30 克玉米油。

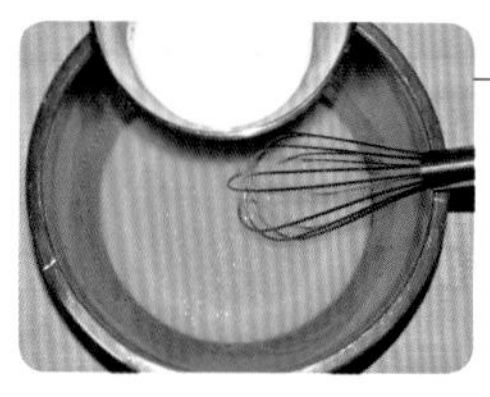

6. 搅拌均匀后加入 60 克牛奶。

7. 搅拌均匀后筛入 60 克低筋面粉。

8. 搅拌均匀，备用。

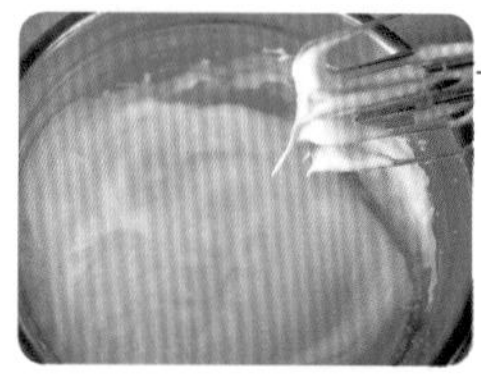

9. 蛋清盆中加入 30 克糖后打发，至提起打蛋器，打蛋头上有个长一些的弯角。

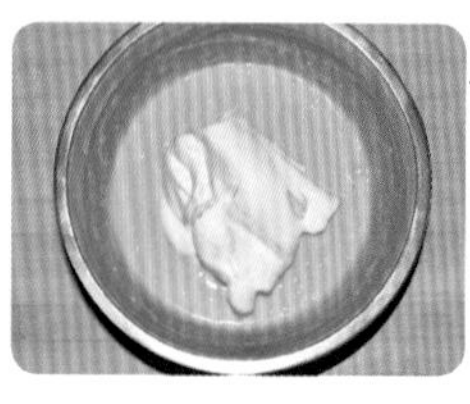

10. 挖一大勺蛋清到蛋黄盆中。

11. 翻拌均匀后倒入蛋清盆。

12. 翻拌均匀。

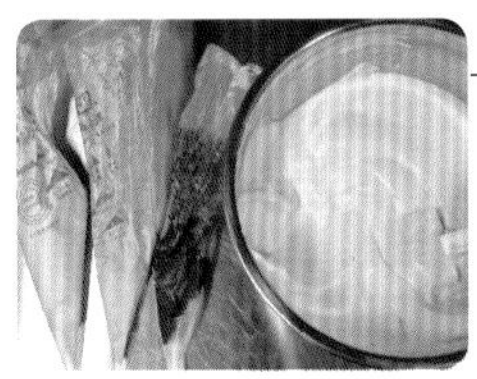

13. 用裱花袋取出一些原色面糊备用，再用2个小碗各盛一点儿面糊，分别加入黄色色素和纯黑可可粉各少许，调匀后装入裱花袋。

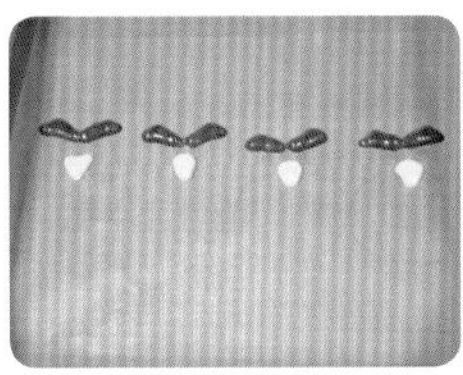

14. 先用黑色挤出眉毛，用黄色挤出嘴巴，送入烤箱，190摄氏度烘烤60秒。

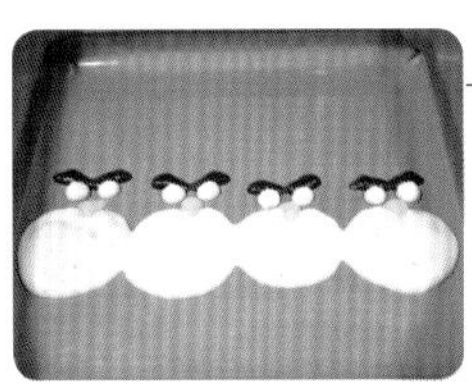

15. 出炉后用白色面糊挤出眼睛和肚皮，再送入烤箱，190摄氏度烘烤90秒左右出炉。

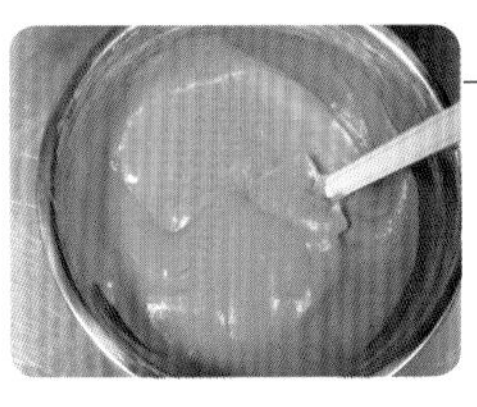

16. 把大盆中的面糊加入3滴大红色色素调匀。

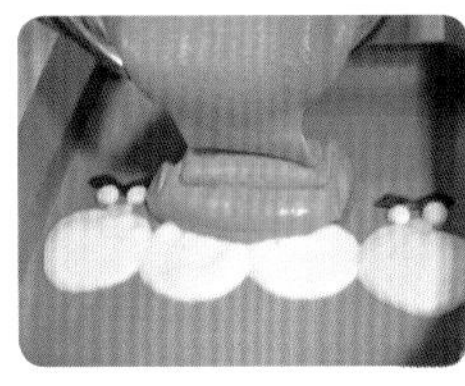

17. 倒入烤盘。

18. 用刮刀抹平后送入烤箱，190摄氏度烘烤12分钟。

19. 出炉后立即揪着油布边把蛋糕片移到凉网上。

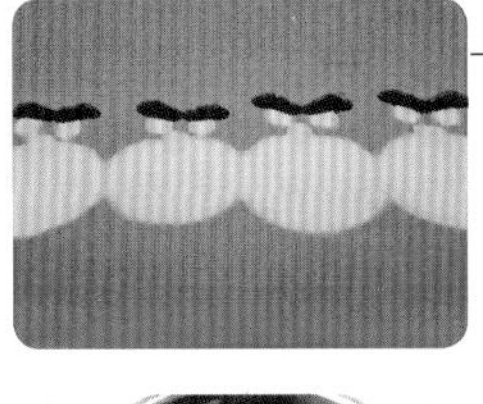

20. 凉透后翻面，揭去油布。

21. 将少许纯黑可可粉加5克左右开水搅拌均匀。

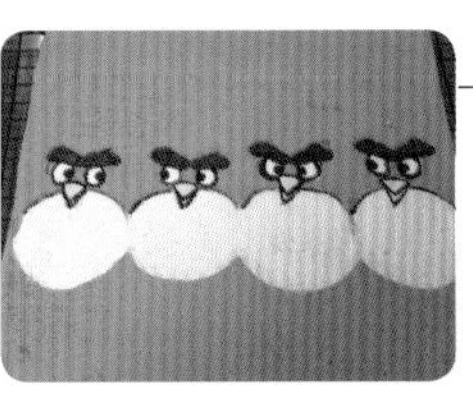

22. 用小毛笔蘸可可水描画出小鸟的细节，凉5分钟左右。

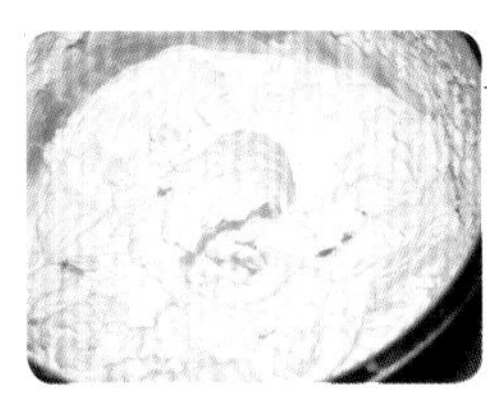

23. 300克淡奶油加10克糖后，打发到非常浓稠的状态，放入冰箱冷藏备用。

24. 具体卷制手法请参见P121“小黄人蛋糕卷”，卷好后画出小鸟头上的毛，送入冰箱冷藏30分钟后，就可以取出切块食用啦。

LVZHUCAIHUIDANGAOJUAN

绿猪彩绘蛋糕卷

看你们这些绿猪们的小坏样儿！是不是你们老捣乱呀？小心愤怒的鸟儿会揍你们……

◎ 原料 YUANLIAO

蛋糕片：
鸡蛋 4 个
玉米油 30 克
牛奶 60 克
低筋面粉 60 克
糖 30 克
纯黑可可粉少许
浅绿色素少许
深绿色素少许

水果奶油夹心：
淡奶油 300 克
糖 10 克
新鲜水果适量

模具：
28 厘米 ×28 厘米
正方形烤盘

二狗妈妈碎碎念

1. 绿猪的眼珠和眉毛随意描画，不一定和我的一样哟。
2. 卷好以后再画绿猪的额头和耳朵，这样位置会比较合适。

◎ 做法 ZUOFA

1. 准备好附录提供的彩绘图纸。

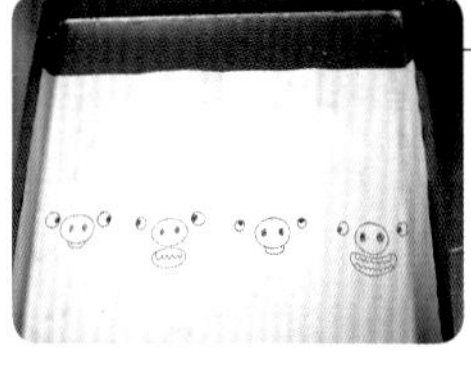

2. 28 厘米 ×28 厘米正方形烤盘淋水后铺图案纸。

3. 在图案纸上铺油布（或者油纸，如果用油纸，要在油纸上用纸巾擦一点玉米油）。

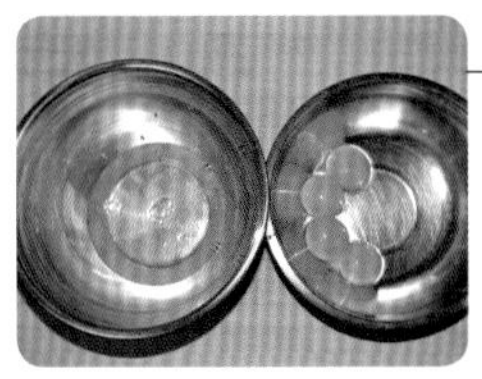

4. 将 4 个鸡蛋分开蛋清、蛋黄，蛋清盆中一定无油无水。

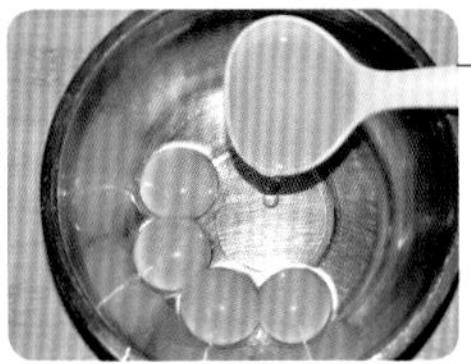

5. 蛋黄盆中加入 30 克玉米油。

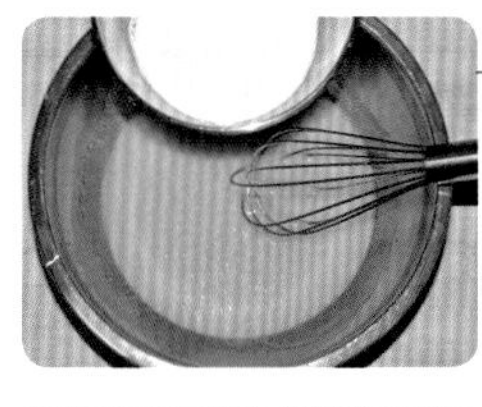

6. 搅拌均匀后加入 60 克牛奶。

7. 搅拌均匀后筛入 60 克低筋面粉。

8. 搅拌均匀，备用。

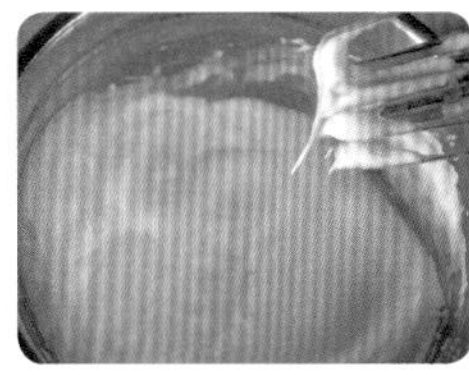

9. 蛋清盆中加入 30 克糖后打发，至提起打蛋器，打蛋头上有个长一些的弯角。

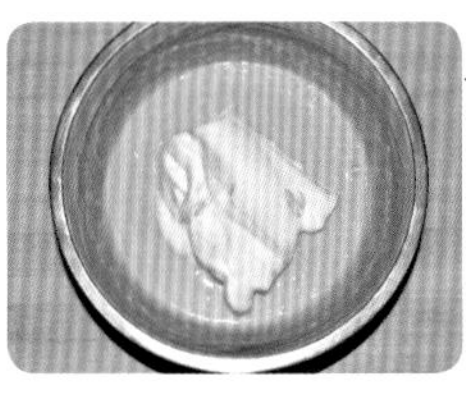

10. 挖一大勺蛋清到蛋黄盆中。

11. 翻拌均匀后倒入蛋清盆。

12. 翻拌均匀。

13. 用裱花袋取一点原色面糊备用，再用小碗取一点儿面糊加入深绿色色素调匀后装入裱花袋，大盆中也加入浅绿色色素，调出的颜色要比小碗中的绿色浅一些哦。

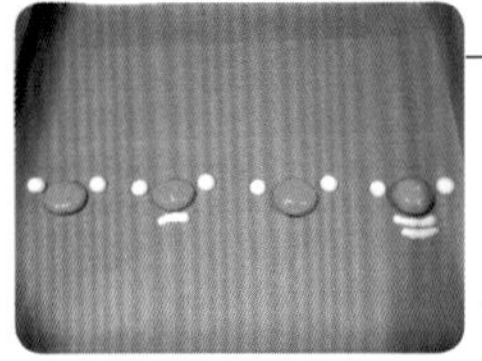

14. 用白色面糊挤出眼睛和牙齿，用深绿色挤出鼻子，送入烤箱，190 摄氏度烘烤 90 秒左右。

15. 出炉后立即把大盆中的面糊倒入烤盘。

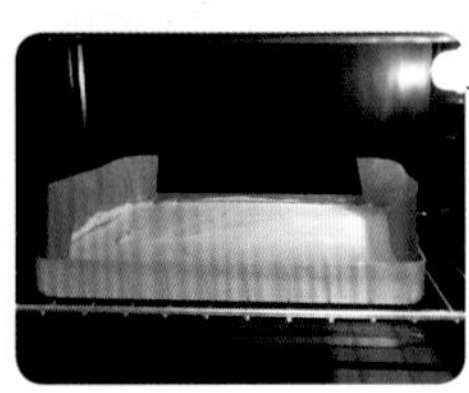

16. 用刮刀抹平，送入烤箱，中层，上下火，190 摄氏度烘烤 12 分钟。

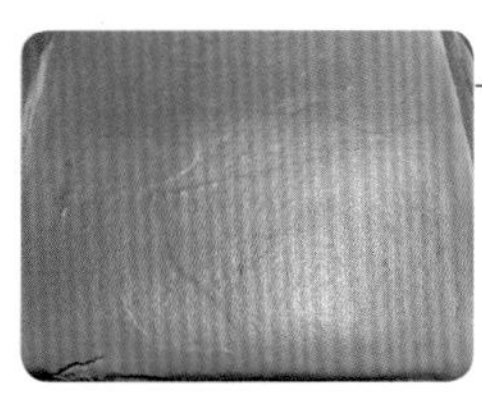

17. 出炉后立即揪着油布边把蛋糕片移到凉网上。

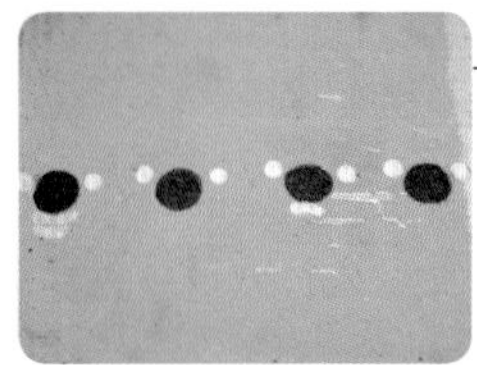

18. 凉透后翻面，揭去油布。

19. 将少许纯黑可可粉加 5 克左右开水搅拌均匀。

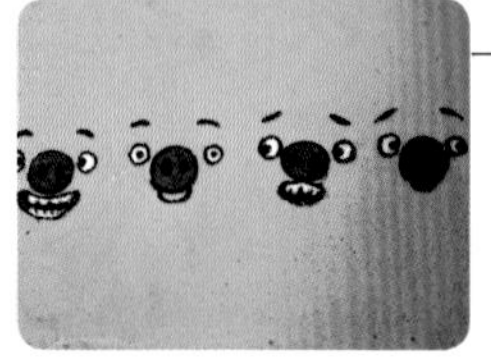

20. 用小毛笔蘸可可水描画出绿猪的细节，凉 5 分钟左右。

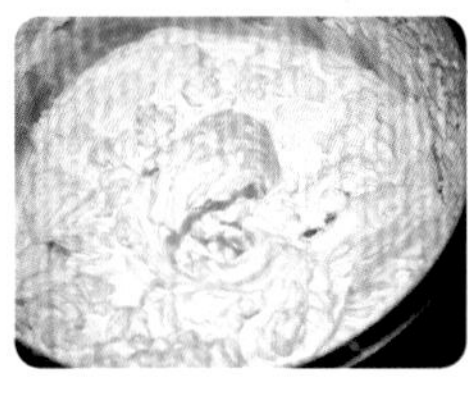

21. 300 克淡奶油加 10 克糖后打发到非常浓稠的状态，放入冰箱冷藏备用。

22. 具体卷制手法请参见 P121 “小黄人蛋糕卷”，卷好后画出耳朵和额头，送入冰箱冷藏 30 分钟后，就可以取出切块食用啦。

JIQIMAODANGAOJUAN
机器猫
蛋糕卷
我想要吃铜锣烧，那你看我干啥？
自己变一个不就行啦……

◎ 原料 YUANLIAO

蛋糕片：
鸡蛋 4 个
玉米油 30 克
牛奶 60 克
低筋面粉 60 克
糖 30 克
纯黑可可粉少许
红黄蓝色素少许

水果奶油夹心：
淡奶油 300 克
糖 10 克
新鲜水果适量

模具：
28 厘米 ×28 厘米
正方形烤盘

二狗妈妈碎碎念

描画机器猫细节的时候，不用完全和我的一样，可以自由发挥哟。

◎ 做法 ZUOFA

1. 准备好附录赠送的彩绘图案。

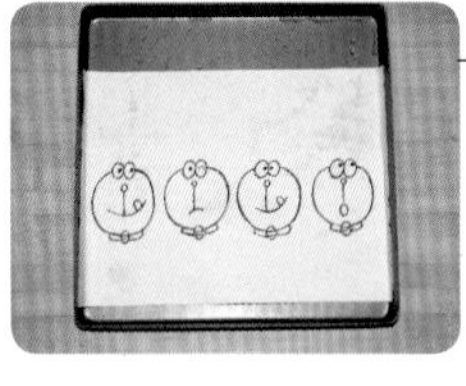

2. 28 厘米 ×28 厘米正方形烤盘淋水后铺图案纸。

3. 在图案纸上铺油布（或者油纸，如果用油纸，要在油纸上用纸巾擦一点玉米油），此时用 190 摄氏度预热烤箱。

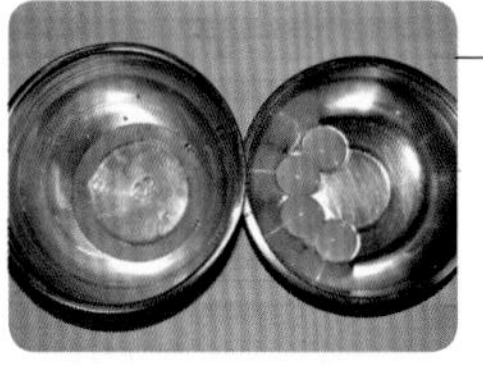

4. 将 4 个鸡蛋分开蛋清、蛋黄，蛋清盆中一定无油无水。

5. 蛋黄盆中加入 30 克玉米油。

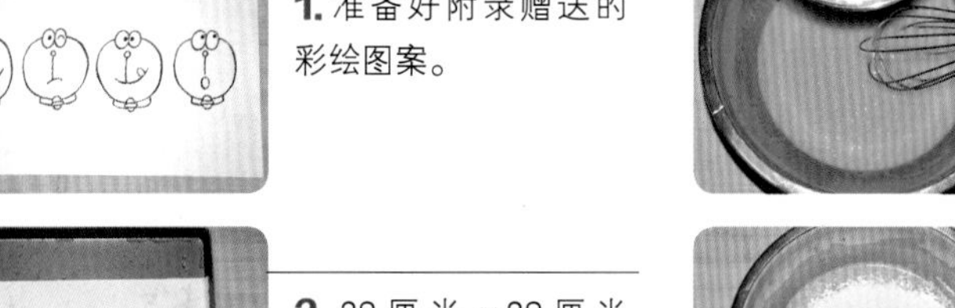

6. 搅拌均匀后加入 60 克牛奶。

7. 搅拌均匀后筛入 60 克低筋面粉。

8. 搅拌均匀，备用。

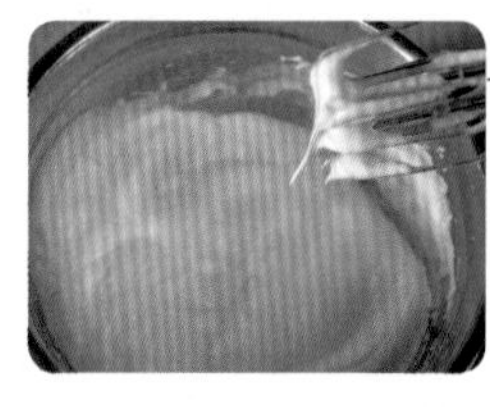

9. 蛋清盆中加入 30 克糖后打发，至提起打蛋器，打蛋头上有个长一些的弯角。

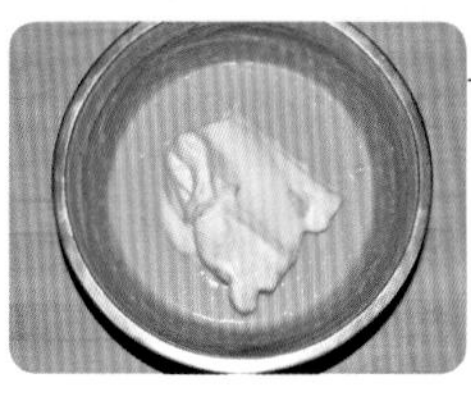

10. 挖一大勺蛋清到蛋黄盆中。

11. 翻拌均匀后倒入蛋清盆。

12. 翻拌均匀。

13. 用一个裱花袋装一点儿面糊出来备用，取2个小碗，各装一点儿面糊，分别加色素调成红色和黄色，大盆中加入三四滴天蓝色色素调成蓝色面糊。

14. 黄色面糊装入裱花袋，挤出铃铛。

15. 红色面糊挤出鼻子、舌头、项圈，送入烤箱，190摄氏度烘烤60秒。

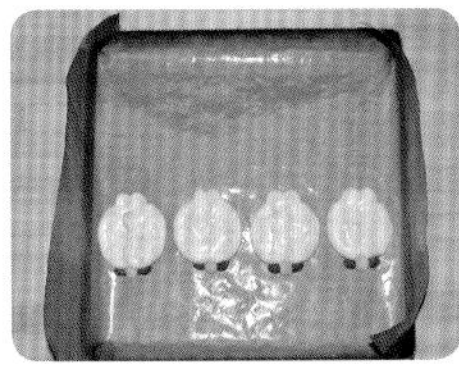

16. 出炉后用白色面糊把脸部挤满，再送入烤箱190摄氏度烘烤90秒左右。

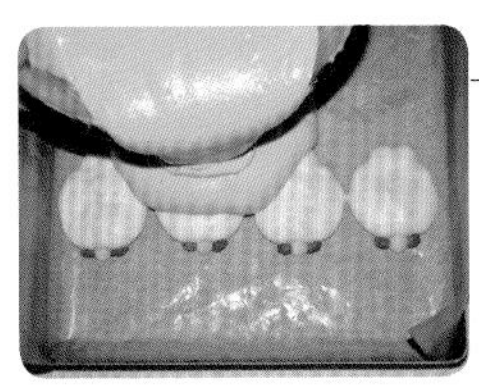

17. 出炉后把蓝色面糊倒在烤盘上。

18. 用刮刀抹平，送入烤箱，中层，上下火，190摄氏度烘烤12分钟。

19. 出炉后立即揪着油布边把蛋糕片移到凉网上。

20. 凉透后翻面，揭去油布。

21. 将少许纯黑可可粉加5克左右开水搅拌均匀。

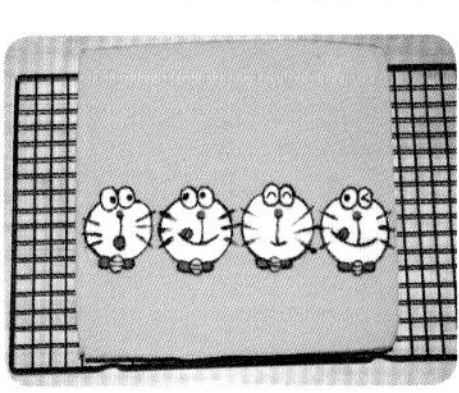

22. 用小毛笔蘸可可水描画出机器猫的细节，凉5分钟左右。

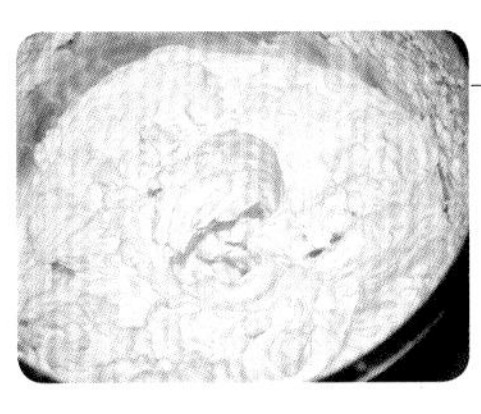

23. 300克淡奶油加10克糖后打发到非常浓稠的状态，放入冰箱冷藏备用。

24. 具体卷制手法请参见P121“小黄人蛋糕卷”，卷好后送入冰箱冷藏后30分钟，就可以取出切块食用啦。

LONGMAODANGAOJUAN
龙猫
蛋糕卷
这么可爱的龙猫，哪里舍得吃掉它……

◎ 原料 YUANLIAO

蛋糕片：
鸡蛋 4 个
玉米油 30 克
牛奶 60 克
低筋面粉 60 克
黑芝麻粉 20 克
糖 30 克
纯黑可可粉少许

水果奶油夹心：
淡奶油 300 克
糖 10 克
新鲜水果适量

模具：
28 厘米 ×28 厘米
正方形烤盘

二狗妈妈碎碎念

如果喜欢龙猫皮肤颜色更深一些的，那就在面糊中加一点儿可可粉。

◎ 做法 ZUOFA

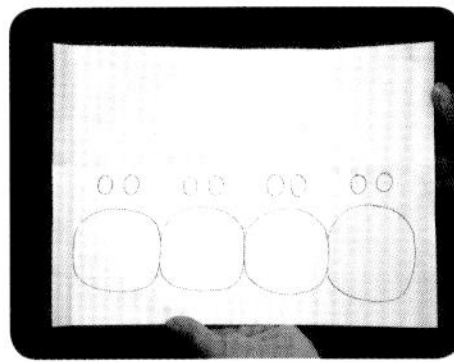

1. 准备好附录所送的图案纸。

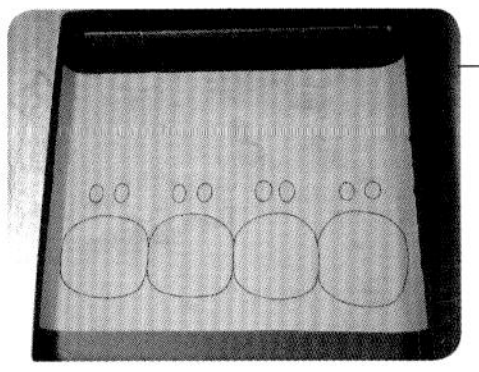

2. 28 厘米 ×28 厘米正方形烤盘淋水后铺图案纸。

3. 在图案纸上铺油布（或者油纸，如果用油纸，要在油纸上用纸巾擦一点玉米油）。

4. 将 4 个鸡蛋分开蛋清、蛋黄，蛋清盆中一定无油无水。

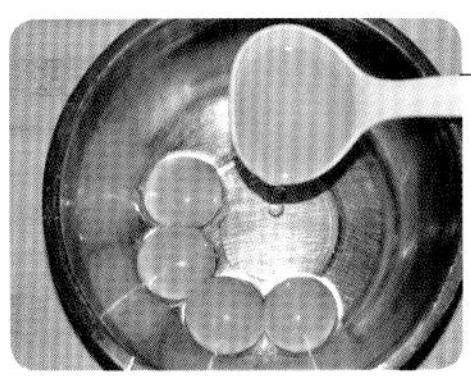

5. 蛋黄盆中加入 30 克玉米油。

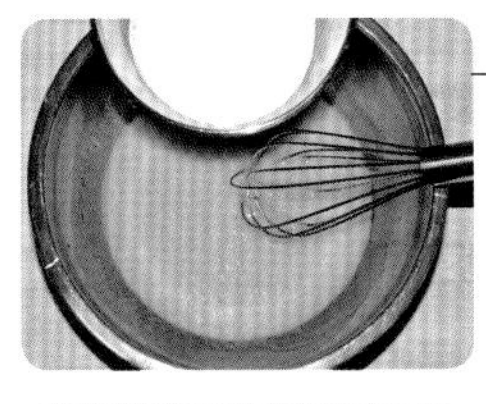

6. 搅拌均匀后加入 60 克牛奶。

7. 搅拌均匀后筛入 60 克低筋面粉。

8. 搅拌均匀，备用。

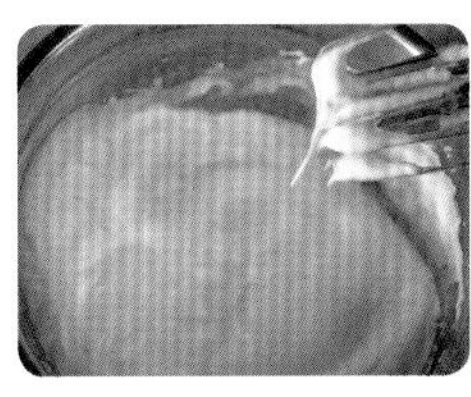

9. 蛋清盆中加入 30 克糖后打发，至提起打蛋器，打蛋头上有个长一些的弯角。

10. 挖一大勺蛋清到蛋黄盆中。

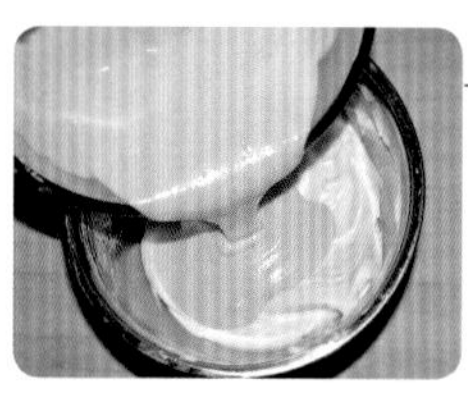

11. 翻拌均匀后倒入蛋清盆中。

12. 翻拌均匀。

13. 用裱花袋盛出一些白色面糊，在大盆中加入 20 克黑芝麻粉。

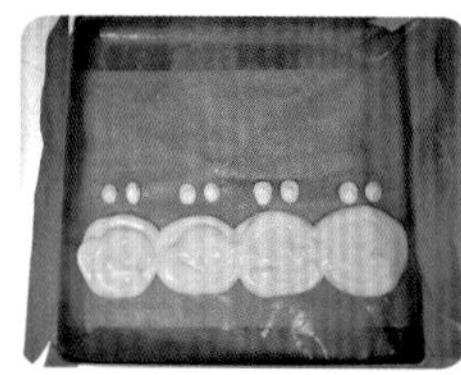

14. 用白色面糊挤在烤盘上眼睛和肚皮位置，送入烤箱，190 摄氏度烘烤 90 秒。

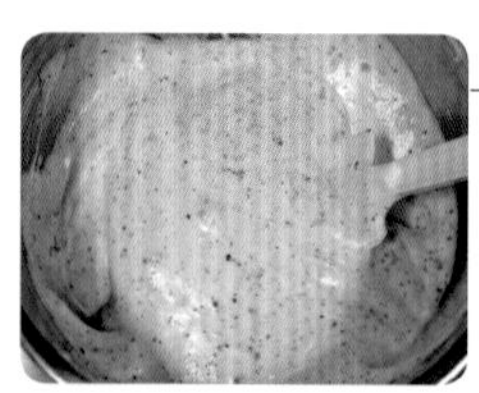

15. 把大盆中的黑芝麻粉翻拌均匀。

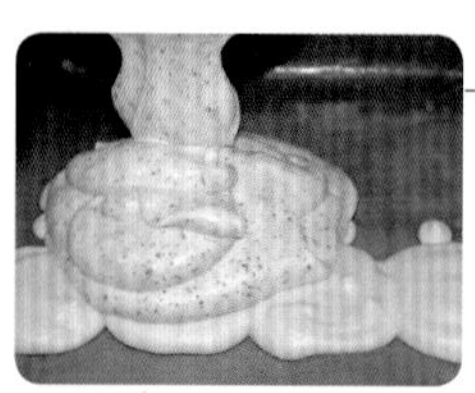

16. 直接倒在烤盘中。

17. 用刮刀抹平，送入烤箱，中层，上下火，190 摄氏度烘烤 12 分钟。

18. 出炉后立即揪着油布边把蛋糕片移到凉网上。

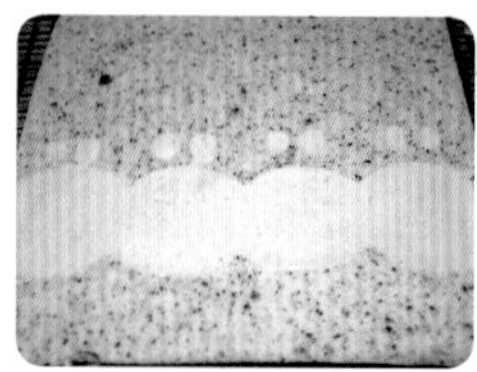

19. 凉透后翻面，揭去油布。

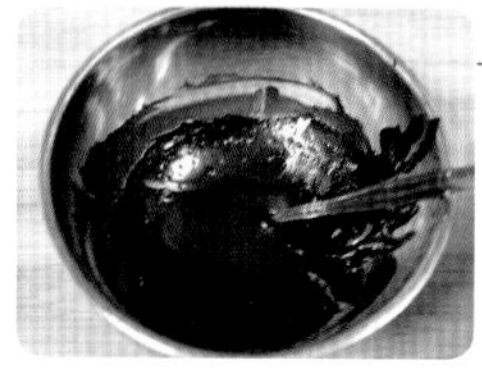

20. 将少许纯黑可可粉加 5 克左右的开水搅拌均匀。

21. 用小毛笔蘸可可水描画出龙猫的细节，凉 5 分钟左右。

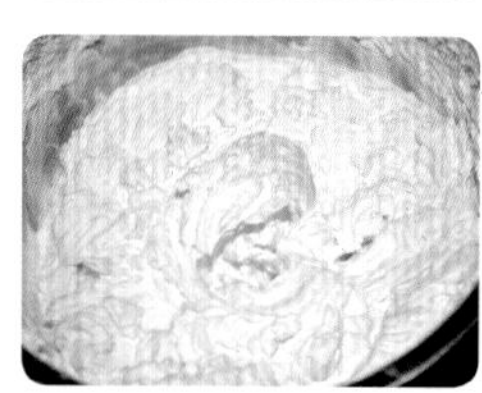

22. 300 克淡奶油加 10 克糖后打发到非常浓稠的状态，放入冰箱冷藏备用。

23. 具体卷制手法请参见 P121 “小黄人蛋糕卷”，卷好后送入冰箱冷藏 30 分钟后，就可以取出切块食用啦。

FUDUODUODANGAOJUAN

福多多蛋糕卷

逢年过节，我都会做几款这样的蛋糕卷送给家人和朋友，不仅仅是因为它好看，还因为它表达出我想送给大家的祝福……

◎ 原料 YUANLIAO

蛋糕片：
鸡蛋 4 个
玉米油 30 克
牛奶 60 克
低筋面粉 60 克
糖 30 克
纯黑可可粉少许
大红色色素少许

水果奶油夹心：
淡奶油 300 克
糖 10 克
新鲜水果适量

模具：
28 厘米 ×28 厘米
正方形烤盘

二狗妈妈碎碎念

福字您也可以用您喜欢的吉祥话替换，比如：新年吉祥如意，祝您大吉大利等等。

◎ 做法 ZUOFA

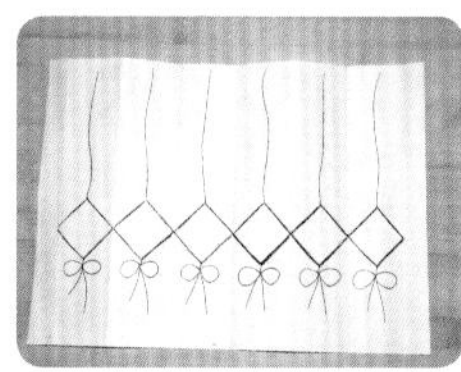

1. 准备好附录所送的图案纸。

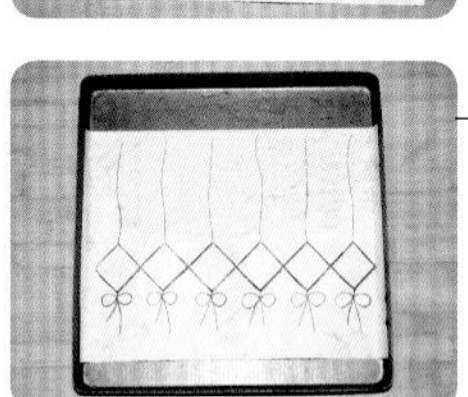

2. 28 厘米 ×28 厘米正方形烤盘淋水后铺图案纸。

3. 在图案纸上铺油布，此时烤箱 190 摄氏度预热。

4. 将 4 个鸡蛋分开蛋清、蛋黄，蛋清盆中一定无油无水。

5. 蛋黄盆中加入 30 克玉米油。

6. 搅拌均匀后加入 60 克牛奶。

7. 搅拌均匀后筛入 60 克低筋面粉。

8. 搅拌均匀，备用。

9. 蛋清盆中加入 30 克糖后打发，至提起打蛋器，打蛋头上有个长一些的弯角。

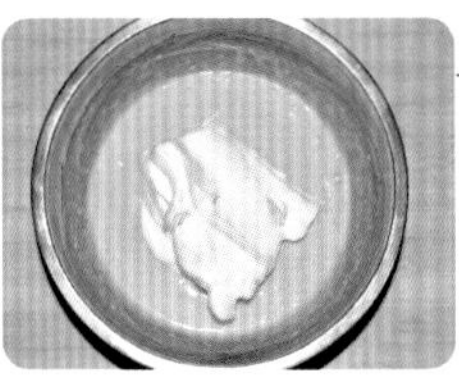

10. 挖一大勺蛋清到蛋黄盆中。

11. 翻拌均匀后倒入蛋清盆。

12. 翻拌均匀后，取 1 个小碗，盛出一些面糊，滴两滴大红色色素，拌匀。

13. 把红色面糊装入裱花袋，在油布上挤出图案，放入烤箱，190 摄氏度烘烤 90 秒左右。

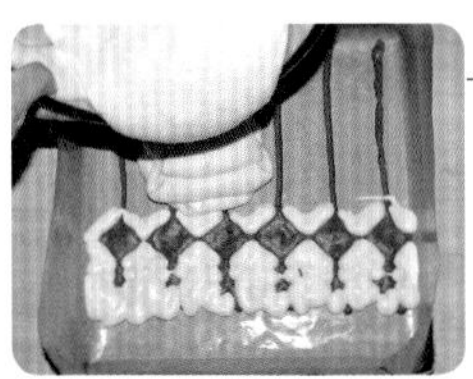

14. 用裱花袋装白色面糊，沿红色图案边挤一圈，再把所有白色面糊倒入烤盘。

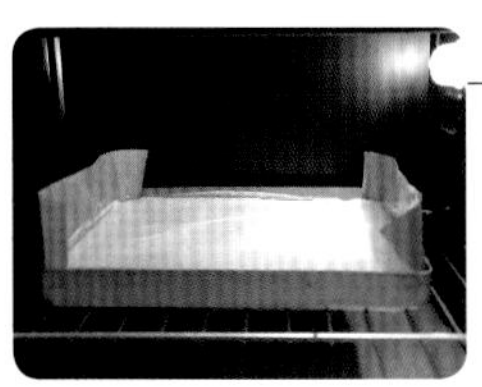

15. 用刮刀抹平，送入烤箱，中层，上下火，190 摄氏度烘烤 12 分钟。

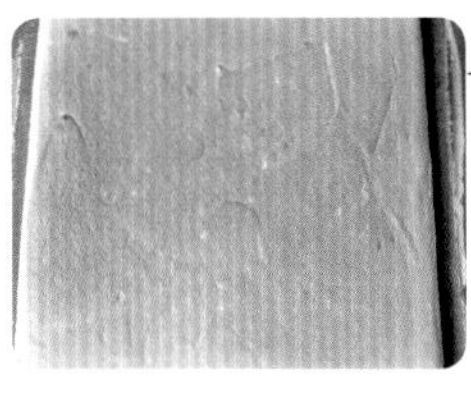

16. 出炉后立即揪着油布边把蛋糕片移到凉网上。

17. 凉透后翻面，揭去油布。

18. 将少许纯黑可可粉加 5 克左右的开水搅拌均匀。

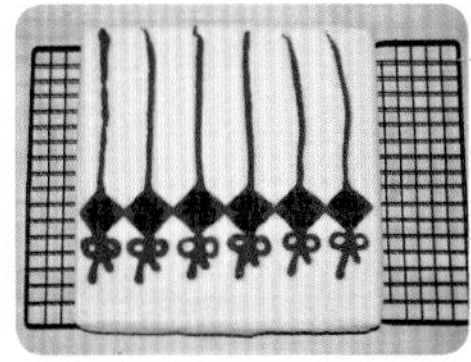

19. 用毛笔蘸可可水在红色方块中间写出福字。

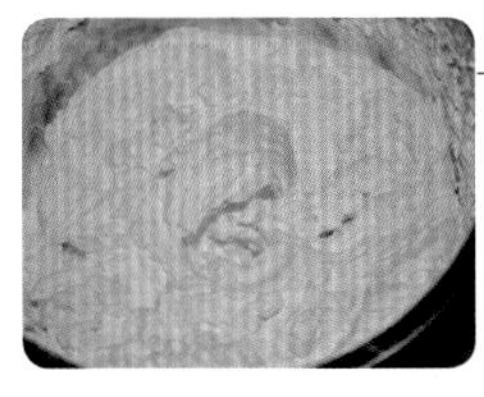

20. 将 300 克淡奶油加 10 克糖后打发到非常浓稠的状态。

21. 具体卷制手法请参见 P121 “小黄人蛋糕卷”，送入冰箱冷藏 30 分钟后，就可以取出切块食用啦。

XIGUADANGAOJUAN

西瓜蛋糕卷

我是混入西瓜群里的卧底，我只是一个蛋糕卷，不信吗？来尝尝吧……

◎ 原料 YUANLIAO

慕斯夹心：
西瓜肉 250 克
吉利丁片 3 片（15 克）
淡奶油 200 克
糖 20 克
蔓越莓干 20 克

蛋糕片：
鸡蛋 4 个
玉米油 30 克
牛奶 60 克
低筋面粉 60 克
糖 30 克
浅绿色色素少许
深绿色色素少许

淡奶油夹层：
淡奶油 180 克
糖 6 克

模具：
28 厘米 ×28 厘米正方形烤盘

二狗妈妈碎碎念

1. 慕斯夹心有点儿稀，蔓越莓干放进去就会沉底，不要担心，冷藏后凝固，不影响使用。
2. 没有合适的裱花嘴，可以用大瓶盖或者小杯子扣出慕斯块。

◎ 做法 ZUOFA

1. 250 克西瓜肉，把西瓜子去除，用料理机打碎。

2. 加 3 片泡软的吉利丁片。

3. 小火加热至吉利丁熔化，放凉备用。

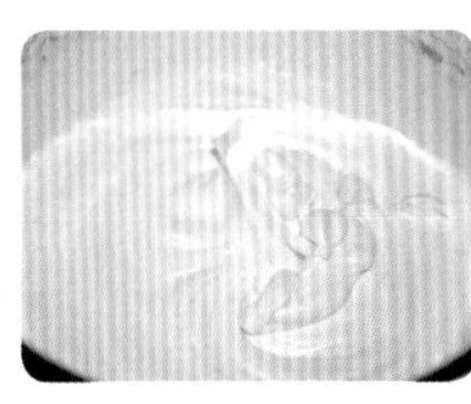

4. 200 克淡奶油加 20 克糖后打发至有纹路，但还可以流动的状态。

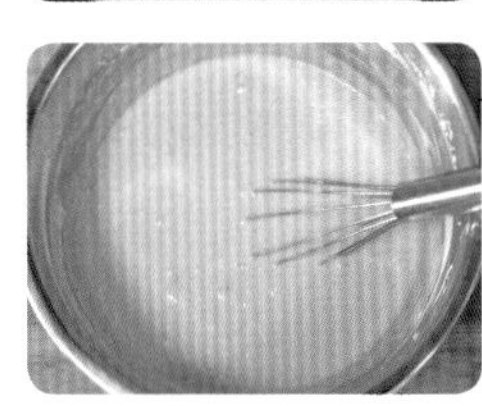

5. 和西瓜糊混合。

6. 倒入一个稍深一点儿的容器，撒 20 克蔓越莓干（会沉底，没有关系），放入冰箱冷藏至凝固（约 3 小时）。

7. 28 厘米 ×28 厘米正方形烤盘铺油布备用，烤箱 190 摄氏度预热。

8. 将 4 个鸡蛋分开蛋清、蛋黄，蛋清盆中一定无油无水。

9. 蛋黄盆中加入 30 克玉米油。

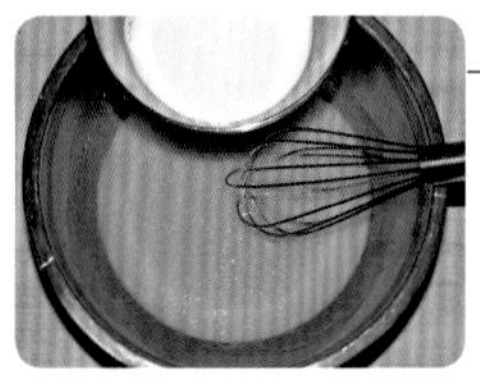

10. 搅拌均匀后加入 60 克牛奶。

11. 搅拌均匀后筛入 60 克低筋面粉。

12. 搅拌均匀，备用。

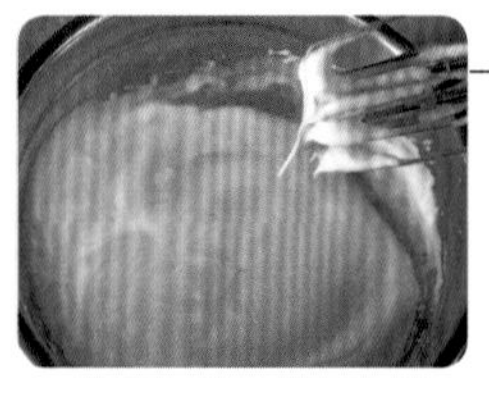

13. 蛋清盆中加入 30 克糖后打发，至提起打蛋器，打蛋头上有个长一些的弯角。

14. 挖一大勺蛋清到蛋黄盆中。

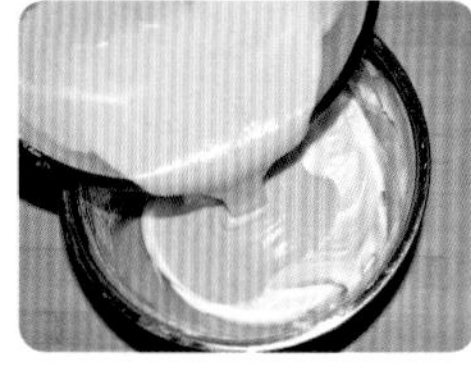

15. 翻拌均匀后倒入蛋清盆。

16. 翻拌均匀。

17. 取 1 个小碗，盛出一点儿面糊，小碗中加入一滴深绿色色素搅拌均匀，大盆中加入两滴浅绿色色素翻拌（不用特别均匀）。

18. 用裱花袋装深绿色面糊，在烤盘上挤出几道花纹，放入烤箱中层，上下火，190 摄氏度烘烤 90 秒左右。

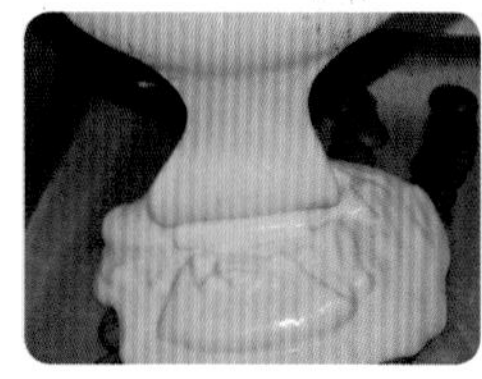

19. 再把浅绿色面糊倒入烤盘。

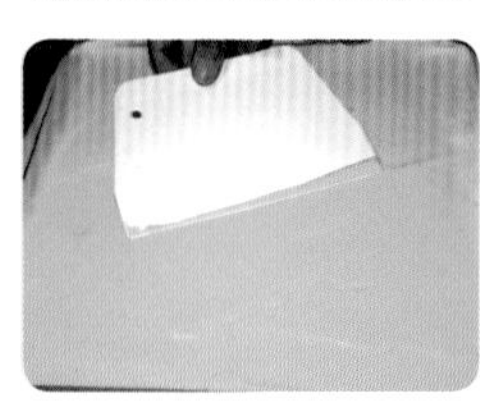

20. 抹平后送入烤箱，中层，上下火，190 摄氏度烘烤 12 分钟。

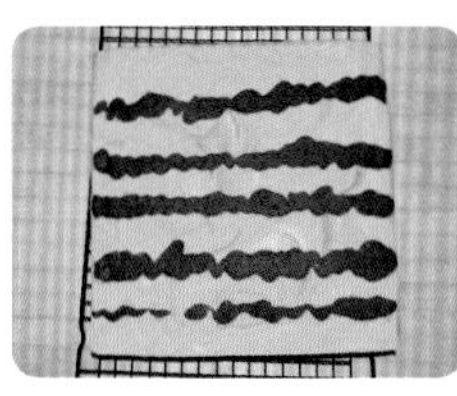

21. 出炉后凉透后翻面，撕去油布。

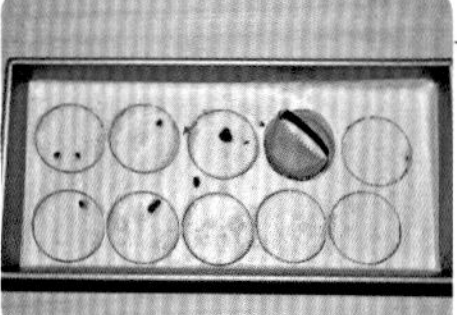

22. 把凝固的西瓜慕斯从冰箱取出，用一个直径约 5 厘米的大裱花嘴扣出若干圆形，把圆形慕斯片取出备用。

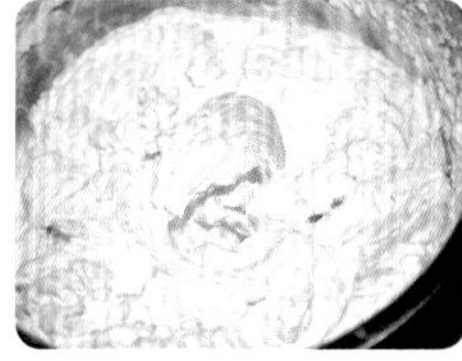

23. 180 克淡奶油加 6 克糖后打发到非常浓稠的状态。

24. 用油纸盖住蛋糕片，翻面（图案朝下），把打发好的淡奶油均匀地抹在蛋糕片上，把西瓜慕斯码放在靠近自己这端。

25. 卷起来，冰箱冷藏半小时后切块食用。

CHAPTER 8

无糖蛋糕

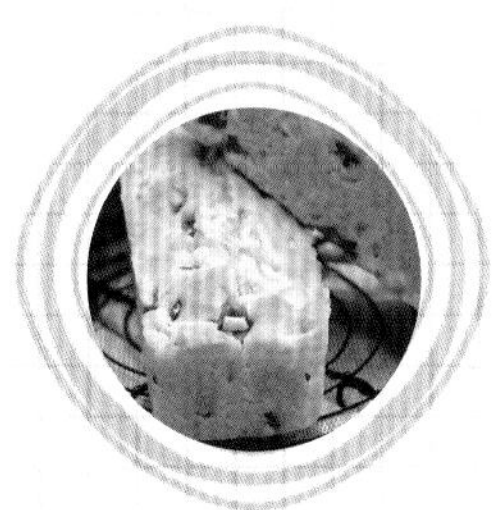

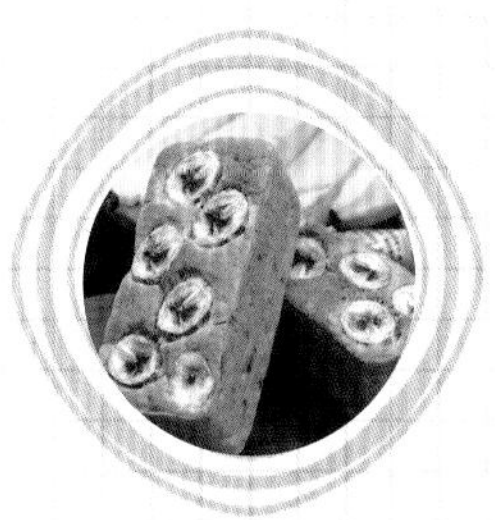

是不是您和我一样，家中有老人不能吃糖呢？可是又想让老人吃一点儿松软的蛋糕，怎么办？那我们就做几款无糖蛋糕吧……

本章节的无糖蛋糕，都是选用了食材的本味来调整蛋糕的整体口感，就算无糖，我们也要这些蛋糕不寡淡，细细品起来，能吃出来食材的本味，这难道不是吃的最高境界吗？

快动起手来，为我们的爸爸妈妈、爷爷奶奶们做一款属于他们的无糖蛋糕吧……

WUTANGYUMIHUOTUIXIANDANGAO
无糖玉米火腿咸蛋糕
玉米粒自带甜味儿，加上肉香，
使得这款无糖蛋糕并不觉得寡
淡，而是多了丰富的口感……

◎ 原料 YUANLIAO

鸡蛋 3 个
玉米油 40 克
低筋面粉 120 克
细玉米面 40 克
无铝泡打粉 5 克
盐 5 克
熟玉米粒 100 克
火腿丁 80 克

模具：
16 厘米 ×7 厘米 × 6.5 厘米蛋糕模具 2 个

二狗妈妈碎碎念

1. 模具也可以用 8 英寸蛋糕模具，一定要抹黄油防粘哟。
2. 熟玉米粒要选用甜玉米，口感会更好。
3. 没有细玉米面可以用等量低筋面粉替换。
4. 如果老人家不爱吃火腿，可以不放。

◎ 做法 ZUOFA

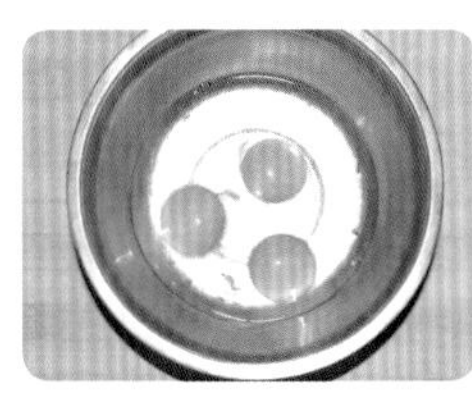

1. 将 3 个鸡蛋打入盆中。

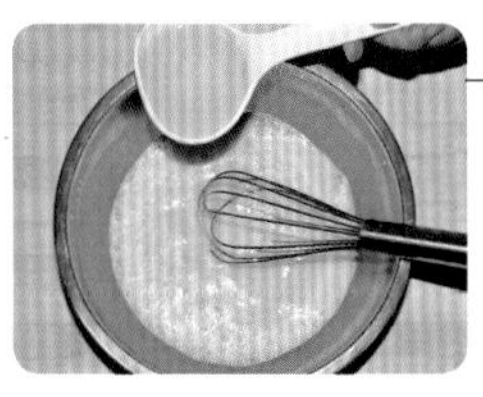

2. 搅拌均匀后加入 40 克玉米油。

3. 筛入 120 克低筋面粉，加 40 克细玉米面、5 克无铝泡打粉、5 克盐。

4. 搅拌均匀。

5. 加入 100 克熟玉米粒、80 克火腿丁。

6. 翻拌均匀。

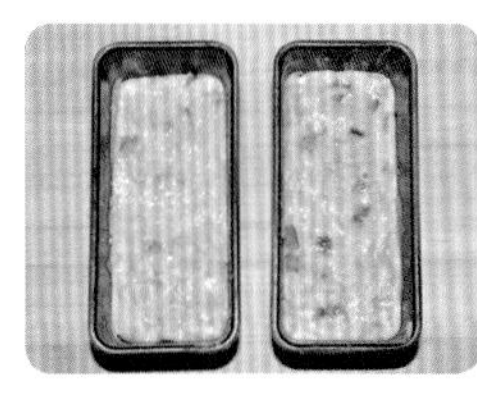

7. 倒入模具中。

8. 送入预热好的烤箱，中下层，上下火，180 摄氏度烘烤 40 分钟。

9. 如果想要裂口漂亮，那在烘烤 10 分钟后，用小刀在中间划个口子，再送入烤箱继续烘烤。

WUTANGXIANGJIAOMANYUEMEIDANGAO

无糖香蕉蔓越莓蛋糕

没有糖，确有丝丝甜香，大量香蕉泥的加入，使得它的口感非常湿润，好吃极了……

◎ 原料 YUANLIAO

鸡蛋 2 个
玉米油 40 克
香蕉泥 250 克
低筋面粉 120 克
泡打粉 3 克
蔓越莓干 40 克
香蕉片若干

模具：
16 厘米 ×7 厘米 × 6.5 厘米蛋糕模具 2 个

二狗妈妈碎碎念

1. 模具也可以用 8 英寸蛋糕模具，一定要抹黄油防粘哟。
2. 香蕉要选用熟透的，外皮有黑点的那种哟。
3. 蔓越莓干可以换成您喜欢的果干。
4. 趁热吃口感更好。

◎ 做法 ZUOFA

1. 将 2 个鸡蛋打入盆中。

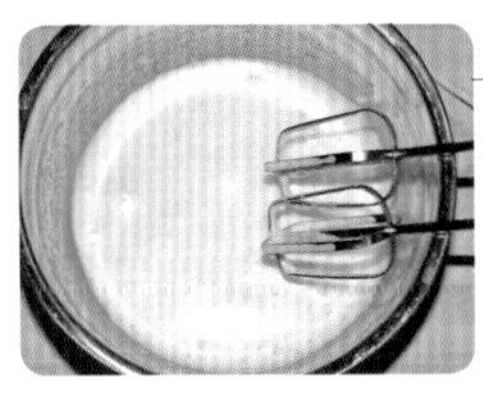

2. 用电动打蛋器高速搅打 1 分钟。

3. 加入 40 克玉米油。

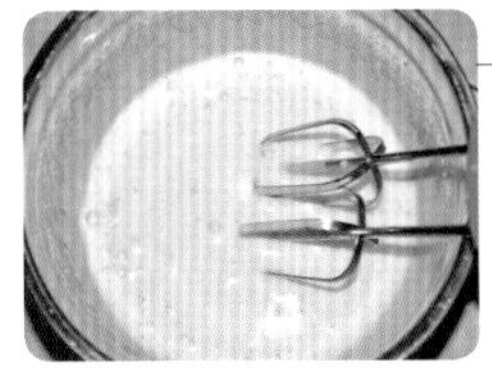

4. 再用电动打蛋器高速搅打 1 分钟。

5. 加入 250 克香蕉泥。

6. 用电动打蛋器搅匀。

7. 筛入 120 克低筋面粉，加 3 克泡打粉。

8. 用刮刀拌至无干粉状态，加入 40 克蔓越莓干。

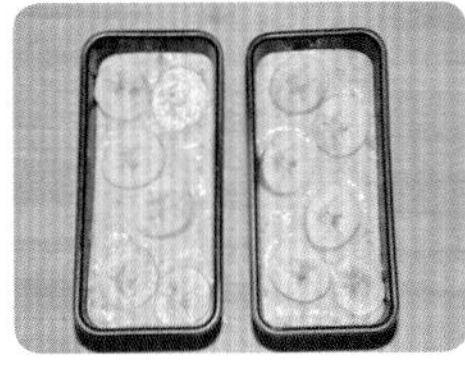

9. 搅拌均匀后倒入模具，表面用香蕉片装饰。

10. 送入预热好的烤箱，中下层，上下火，180 摄氏度烘烤 50 分钟。

WUTANGBOCAIXIANWEIXIAODANGAO

无糖菠菜咸味小蛋糕

绿绿的高颜值，使得这款蛋糕看着就招人喜欢……

◎ 原料 YUANLIAO

菠菜泥：
菠菜 100 克
水 50 克

蛋糕：
鸡蛋 4 个
玉米油 50 克
胡椒粉 1 克
盐 5 克
菠菜泥 100 克
低筋面粉 220 克
无铝泡打粉 3 克
腰果若干

模具：
小号纸杯 9 个

◎ 做法 ZUOFA

1. 100 克菠菜用水焯一下，稍攥水分，加 50 克水打成糊，备用。

2. 将 4 个鸡蛋打入盆中。

3. 用电动打蛋器高速搅打 2 分钟。

4. 加入 50 克玉米油。

5. 加入 1 克胡椒粉。

6. 再加入 5 克盐。

7. 搅拌均匀后，加入 100 克菠菜泥。

8. 搅拌均匀后，筛入 220 克低筋面粉，加 3 克无铝泡打粉。

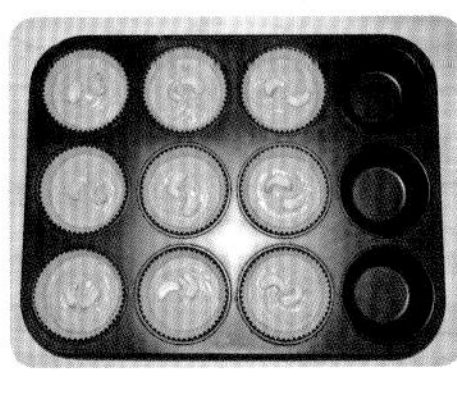

9. 搅拌均匀。

10. 把面糊装入裱花袋，挤入纸杯内，表面用腰果装饰。

11. 送入预热好的烤箱，中下层，上下火，180 摄氏度烘烤 25 分钟，上色后及时加盖锡纸。

二狗妈妈碎碎念

1. 用普通小纸杯也是可以的。
2. 胡椒粉的加入增加了一些特别的口感，特别介意可以省略。
3. 表面装饰的果干随意搭配。

WUTANGZASHUQUANMAIDANGAO

无糖杂蔬全麦蛋糕

把蔬菜做进蛋糕里，好稀奇，换一个口味试试，看喜不喜欢？

◎ 原料 YUANLIAO

蒜末 20 克
西兰花碎 25 克
鲜香菇碎 80 克
西红柿碎 60 克
玉米油 10 克
低筋面粉 80 克
全麦面粉 20 克
无铝泡打粉 2 克
水 60 克
鸡蛋 5 个
柠檬汁少许

模具：
直径 18 厘米中空模具

二狗妈妈碎碎念

1. 蔬菜选用您喜欢的，只要不是特别出水的蔬菜都可以。
2. 如果没有全麦面粉，用等量低筋面粉替换就可以啦。
3. 蔬菜面糊比较沉，蛋白加入后容易消泡，泡打粉的加入提高成功率。

◎ 做法 ZUOFA

1. 准备好 20 克蒜末、25 克西兰花碎、80 克鲜香菇碎、60 克西红柿碎。

2. 炒锅烧热，加入 10 克玉米油，先把蒜末炒香，再把所有蔬菜放入锅中，炒 1 分钟就关火。

3. 把炒好的蔬菜放入盆中，放凉，加入 60 克水。

4. 筛入 80 克低筋面粉，加 20 克全麦面粉、2 克无铝泡打粉。

5. 搅拌均匀后，加入 5 个蛋黄。

6. 搅拌均匀，备用。

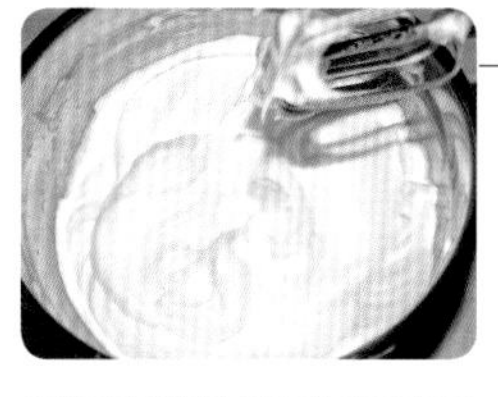

7. 5 个蛋清加几滴柠檬汁打发，提起电动打蛋器，打蛋头上是短而尖的小角。

8. 挖一大勺蛋清到蔬菜面糊盆中。

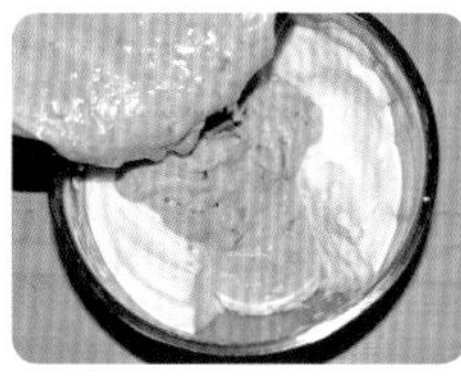

9. 翻拌均匀后倒入蛋清盆。

10. 翻拌均匀。

11. 倒入直径 18 厘米中空模具中。

12. 送入预热好的烤箱，中下层，上下火，170 摄氏度烘烤 40 分钟，上色后及时加盖锡纸。

CHAPTER

9

无油蛋糕卷

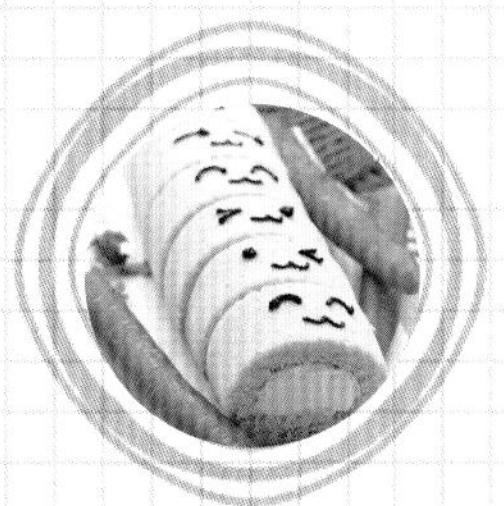

有一次做蛋糕卷，无意中没有放油，没想到出来的口感有些韧度，又很清爽，于是就爱上了无油蛋糕卷。本章节精心选了6款自己非常喜欢的蛋糕卷，而且都是低糖的，吃起来没有负担，做法也不难。快来试试吧！如果您不会卷蛋糕卷，没关系呀，烤好后分成大块，夹上馅，一样的美味哦！

WUYOUBOCAIDANGAOJUAN

无油菠菜蛋糕卷

这抹醉人的绿，仿佛时时刻刻都抓得住春色……

◎ 原料 YUANLIAO

菠菜汁：
菠菜 100 克
水 40 克

蛋糕：
菠菜汁 70 克
低筋面粉 70 克
鸡蛋 4 个
糖 30 克

夹心：
淡奶油 250 克
糖 8 克

模具：
28 厘米 ×28 厘米
正方形烤盘

二狗妈妈碎碎念

1. 没有菠菜，也可以用油菜，不过颜色没有这么漂亮哟。
2. 抹完奶油后，可以放您喜欢的水果。

◎ 做法 ZUOFA

1. 28 厘米 ×28 厘米正方形烤盘铺油布备用，烤箱 190 摄氏度预热。

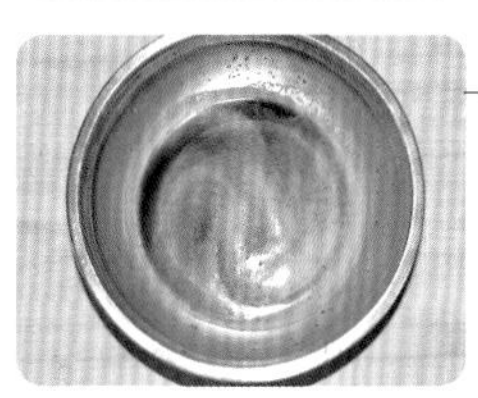

2. 100 克菠菜洗净切段，加入 40 克水，用料理机打碎，过滤出 70 克菠菜汁倒入盆中。

3. 筛入 70 克低筋面粉。

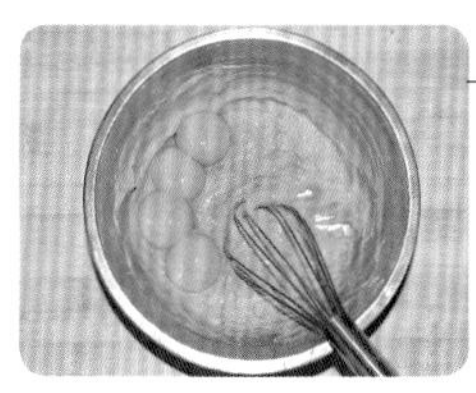

4. 搅拌均匀后加入 4 个蛋黄。

5. 搅拌均匀，备用。

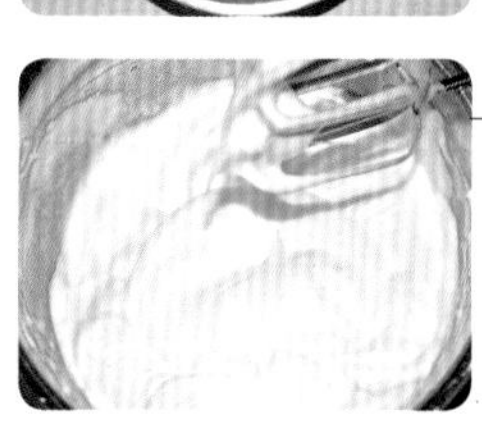

6. 4 个蛋清加入 30 克糖后打发，至提起打蛋器，打蛋头上有个长一些的弯角。

7. 挖一大勺蛋白到菠菜面糊盆中。

8. 翻拌均匀后倒入蛋白盆中。

9. 翻拌均匀。

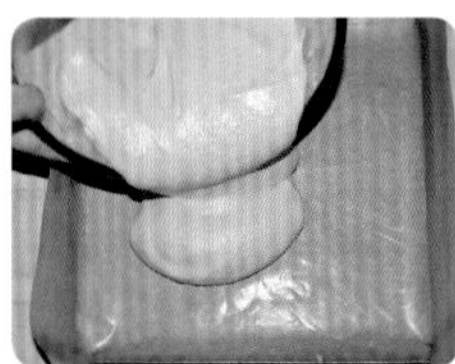

10. 倒入烤盘。

11. 用刮刀抹平，送入烤箱，中下层，上下火，190 摄氏度烘烤 12 分钟。

12. 出炉后立即揪着油布边把蛋糕片移到凉网上。

13. 凉透后翻面，揭去油布。

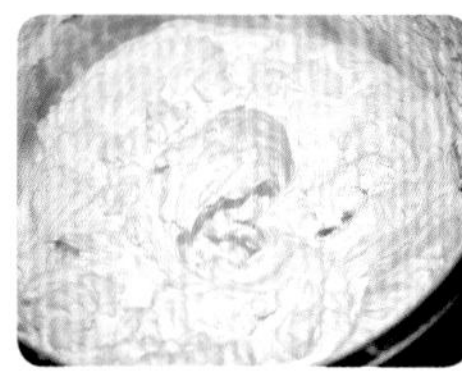

14. 250 克淡奶油加 8 克糖后打发到非常浓稠的状态。

15. 取一张油纸，盖住蛋糕片，连同蛋糕片一起翻面，在蛋糕片上抹打发好的淡奶油，注意靠近自己这边抹厚一些。

16. 用擀面杖辅助卷起来，送入冰箱冷藏、定型半小时后切块食用。

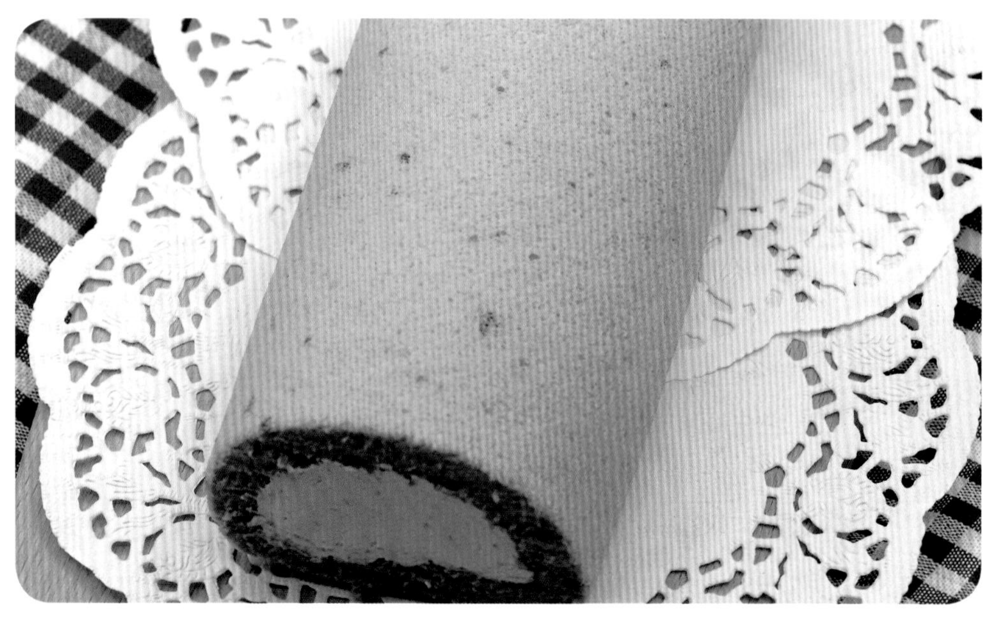

WUYOUHULUOBODANGAOJUAN
无油胡萝卜
蛋糕卷
瞧你们一个个调皮的小表情，谁会
知道你们是胡萝卜做出来的呀……

◎ 原料 YUANLIAO

胡萝卜糊：
胡萝卜 100 克
水 50 克

蛋糕：
胡萝卜糊 90 克
低筋面粉 65 克
鸡蛋 4 个
糖 30 克

夹心：
淡奶油 250 克
糖 8 克

模具：
28 厘米 ×28 厘米
正方形烤盘

二狗妈妈碎碎念

1. 抹完奶油后，可以放您喜欢的水果哟。
2. 表面装饰可以用熔化的巧克力或者网购巧克力拉线膏，当然，也可以不装饰哟。

◎ 做法 ZUOFA

1. 28 厘米 ×28 厘米正方形烤盘铺油布备用，烤箱 190 摄氏度预热。

2. 100 克胡萝卜切块，加入 50 克水，用料理机打碎，取 90 克胡萝卜糊放入盆中。

3. 筛入 65 克低筋面粉。

4. 搅拌均匀后加入 4 个蛋黄。

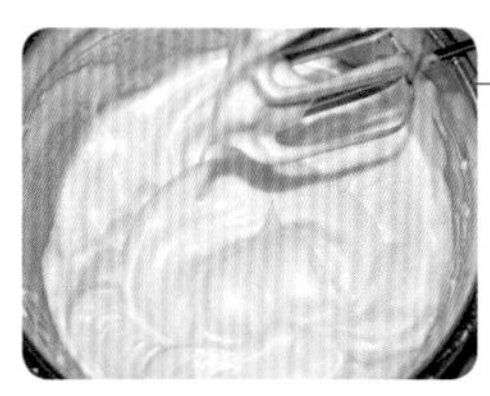

5. 4 个蛋清加入 30 克糖打发，至提起打蛋器，打蛋头上有个长一些的弯角。

6. 搅拌均匀，备用。

7. 挖一大勺蛋白到胡萝卜面糊盆。

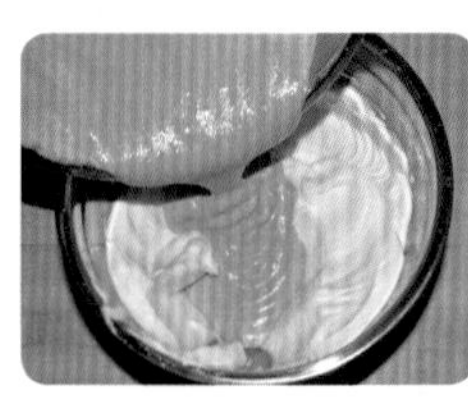

8. 翻拌均匀后倒入蛋白盆中。

9. 翻拌均匀。

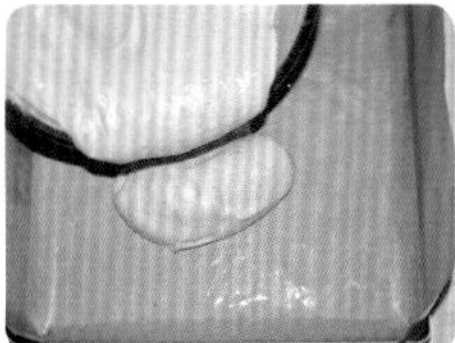

10. 倒入烤盘。

11. 用刮刀抹平，送入烤箱，中下层，上下火，190 摄氏度烘烤 12 分钟。

12. 出炉后立即揪着油布边把蛋糕片移到凉网上。

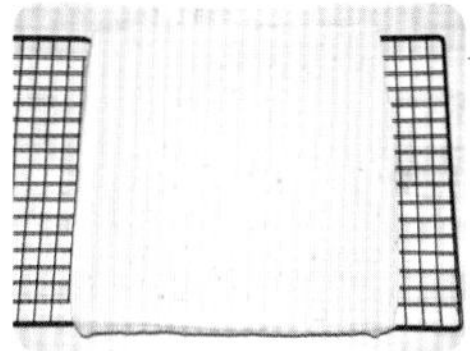

13. 凉透后翻面，揭去油布。

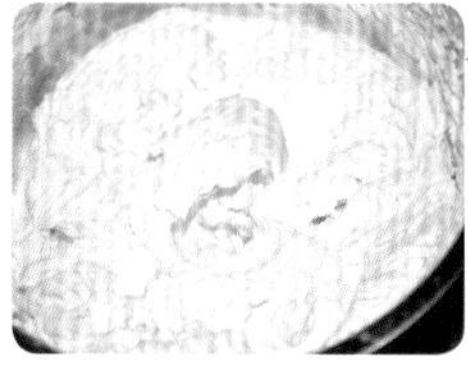

14. 250 克淡奶油加 8 克糖后打发到非常浓稠状态。

15. 取一张油纸，盖住蛋糕片，连同蛋糕片一起翻面，在蛋糕片上抹打发好的淡奶油，注意靠近自己这边抹厚一些。

16. 用擀面杖辅助卷起来，送入冰箱冷藏、定型半小时后切块食用。如果喜欢，就用巧克力膏画表情图案装饰。

WUYOUNANGUADANGAOJUAN

无油南瓜蛋糕卷

这漂亮的金黄色，看着都觉得好喜欢……

◎ 原料 YUANLIAO

蛋糕片：
南瓜泥 130 克
低筋面粉 60 克
鸡蛋 4 个
糖 30 克
糖 8 克

夹心：
淡奶油 250 克

模具：
28 厘米 ×28 厘米正方形烤盘

二狗妈妈碎碎念

1. 南瓜蒸熟后，一定凉透才可以用哟。
2. 南瓜含水量不同，如果含水量较大，可以减少用量。

◎ 做法 ZUOFA

1. 28 厘米 ×28 厘米正方形烤盘铺油布备用，烤箱 190 摄氏度预热。

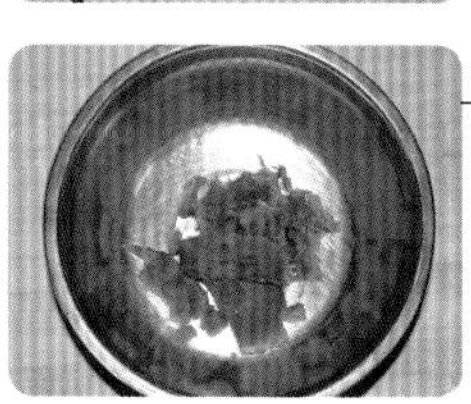

2. 130 克蒸熟凉透的南瓜泥放入盆中。

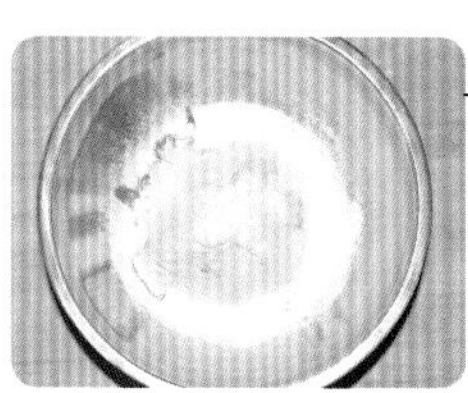

3. 筛入 60 克低筋面粉。

4. 搅拌均匀后，加入 4 个鸡蛋黄。

5. 搅拌均匀。

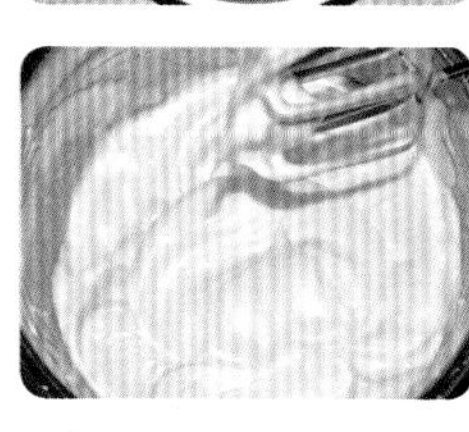

6. 4 个蛋清加入 30 克糖后打发，至提起打蛋器，打蛋头上有个长一些的弯角。

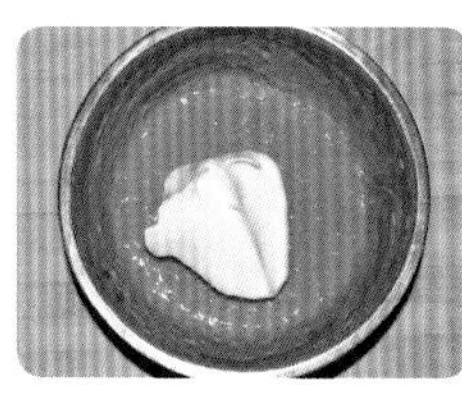

7. 挖一大勺蛋白到南瓜糊盆中。

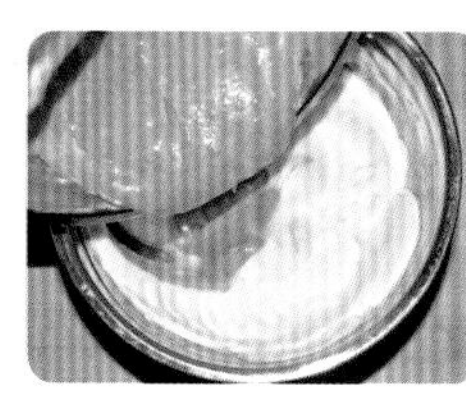

8. 翻拌均匀后倒入蛋白盆中。

9. 再翻拌均匀。

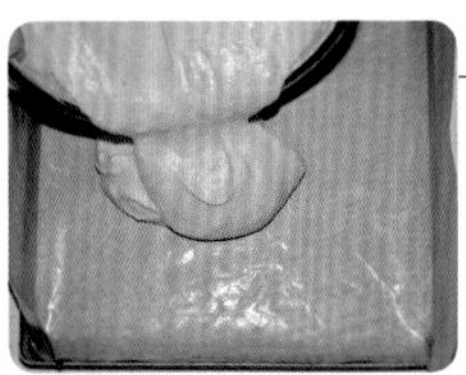

10. 倒入烤盘。

11. 用刮刀抹平，送入烤箱，中下层，上下火，190 摄氏度烘烤 12 分钟。

12. 出炉后立即揪着油布边把蛋糕片移到凉网上。

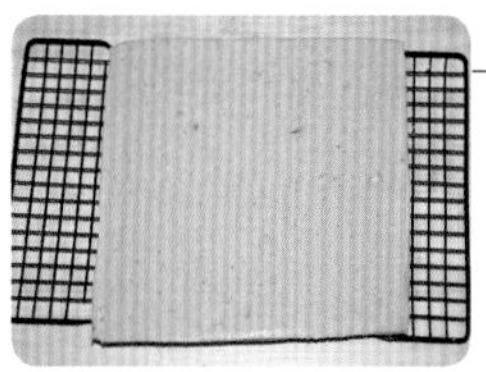

13. 凉透后翻面，揭去油布。

14. 250 克淡奶油加 8 克糖后打发到非常浓稠的状态。

15. 取一张油纸，盖住蛋糕片，连同蛋糕片一起翻面，在蛋糕片上抹打发好的淡奶油，注意靠近自己这边抹厚一些。

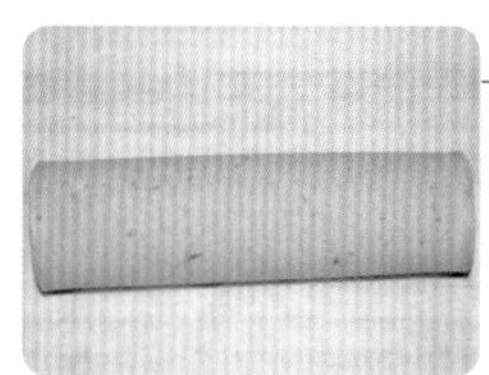

16. 用擀面杖辅助卷起来，送入冰箱冷藏、定型半小时后切块食用。

WUYOUYUMINAILAODANGAOJUAN
无油玉米奶酪蛋糕卷
换个切法，一个一个变得更精神了！

◎ 原料 YUANLIAO

玉米糊：
熟玉米粒 50 克
水 60 克

蛋糕片：
玉米糊 100 克
低筋面粉 60 克
鸡蛋 4 个
糖 30 克

夹心：
奶油奶酪 250 克
糖 20 克
牛奶 40 克
熟玉米粒 100 克

模具：
28 厘米 ×28 厘米
正方形烤盘

二狗妈妈碎碎念

1. 玉米要选用甜玉米，口感自然甜，很好吃。
2. 奶酪馅做好后看一下浓稠度，如果太稠，可以用牛奶调整。
3. 切蛋糕的时候，用热水把刀烫一下，抹干水分再切会比较漂亮。

◎ 做法 ZUOFA

1. 28 厘米 ×28 厘米正方形烤盘铺油布备用，烤箱 190 摄氏度预热。

2. 50 克熟玉米粒加 60 克水用料理机打碎后，取 100 克玉米糊倒入盆中。

3. 筛入 60 克低筋面粉。

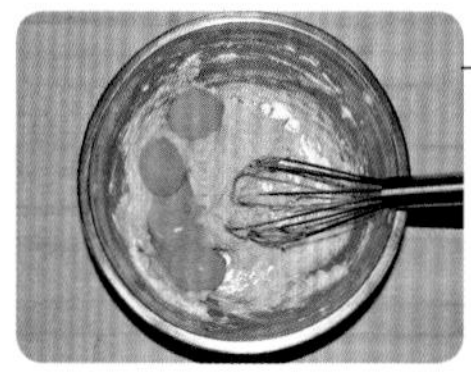

4. 搅拌均匀后加入 4 个蛋黄。

5. 搅拌均匀，备用。

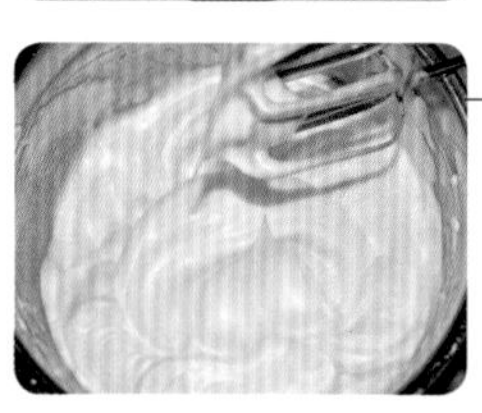

6. 4 个蛋清加入 30 克糖后打发，至提起打蛋器，打蛋头上有个长一些的弯角。

7. 挖一大勺蛋清到蛋黄盆中。

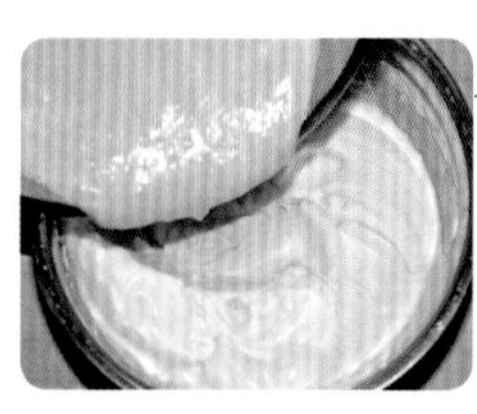

8. 翻拌均匀后倒入蛋白盆。

9. 翻拌均匀。

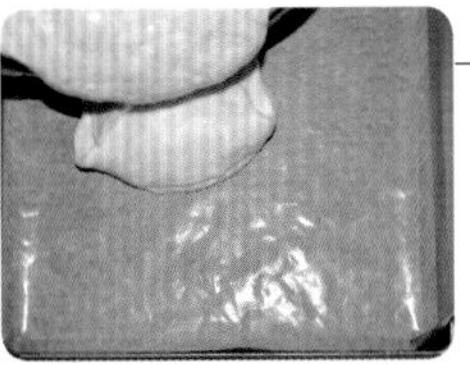

10. 倒入烤盘。

11. 用刮刀抹平，送入烤箱，中下层，上下火，190 摄氏度烘烤 12 分钟。

12. 出炉后立即揪着油布边把蛋糕片移到凉网上。

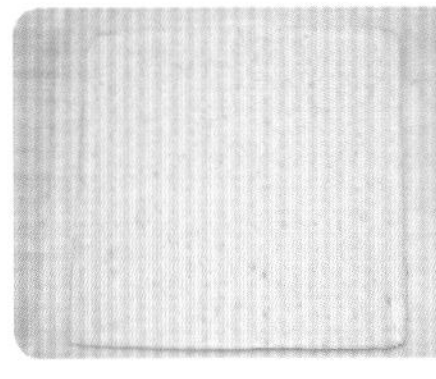

13. 凉透后翻面，揭去油布。

14. 250 克奶油奶酪、20 克糖、40 克牛奶隔热水搅拌均匀后加入 100 克熟玉米粒，拌匀。

15. 取一张油纸，盖住蛋糕片，连同蛋糕片一起翻面，在蛋糕片上抹奶酪馅，注意靠近自己这边抹厚一些。

16. 用擀面杖辅助卷起来，送入冰箱冷藏、定型半小时后切块食用。

满口的红枣香，切成一块一块的，然后包起来，给孩子带也很方便哟！

WUYOUHONGZAOFENGMIDANGAOJUAN

无油红枣蜂蜜蛋糕卷

◎ 原料 YUANLIAO

红枣糊：
干红枣肉 60 克
水 200 克

蛋糕片：
红枣糊 140 克
中筋面粉 80 克
鸡蛋 5 个
糖 40 克

干红枣碎 30 克

夹心：
蜂蜜少许

模具：
28 厘米 ×28 厘米
正方形烤盘

二狗妈妈碎碎念

1. 红枣最好选用肉厚的。
2. 不喜欢蜂蜜也可以不用哟。
3. 我用的中筋面粉，口感稍韧，也可以用等量低筋面粉替换。

◎ 做法 ZUOFA

1. 28 厘米 ×28 厘米正方形烤盘铺油布备用，烤箱 190 摄氏度预热。

2. 60 克干红枣肉加 200 克水后打成糊，取 140 克放入盆中。

3. 加入 5 个蛋黄。

4. 搅拌均匀，备用。

5. 筛入 80 克中筋面粉。

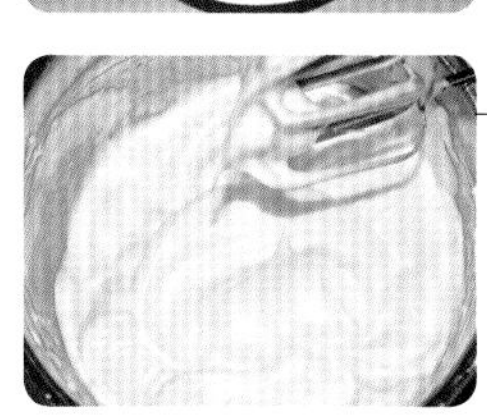

6. 5 个蛋清加入 40 克糖后打发，至提起打蛋器，打蛋头上有个长一些的弯角。

7. 挖一大勺蛋白到红枣面糊中。

8. 翻拌均匀后倒入蛋白盆。

9. 翻拌均匀。

10. 30 克干红枣碎裹中筋面粉后放入面糊中。

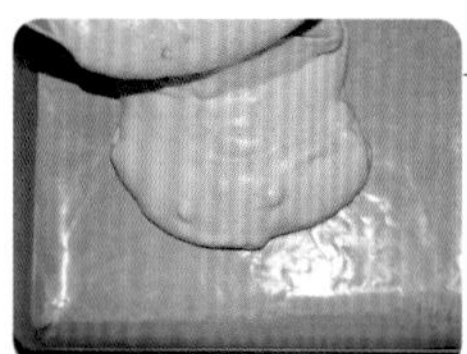

11. 稍翻拌倒入烤盘。

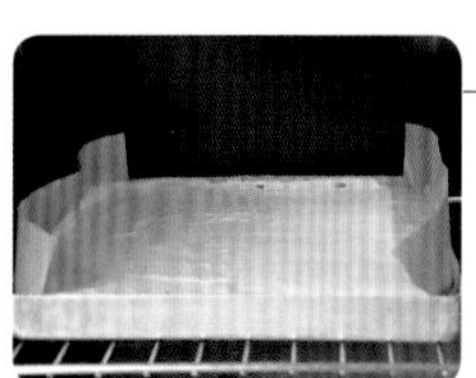

12. 用刮刀抹平，送入烤箱，中下层，上下火，190 摄氏度烘烤 17 分钟。

13. 出炉后立即揪着油布边把蛋糕片移到凉网上。

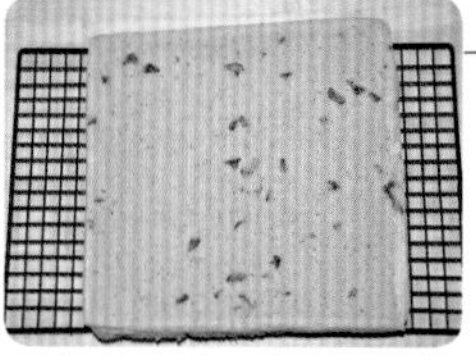

14. 凉透后翻面，揭去油布。

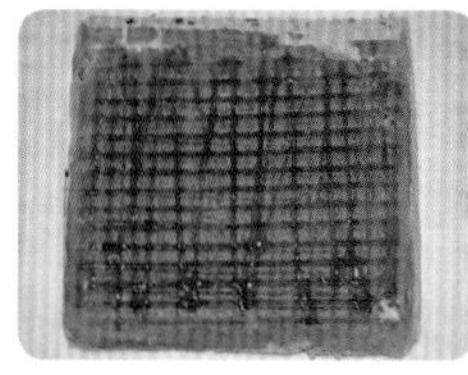

15. 取一张油纸，盖住蛋糕片，连同蛋糕片一起翻面，在蛋糕片上淋蜂蜜。

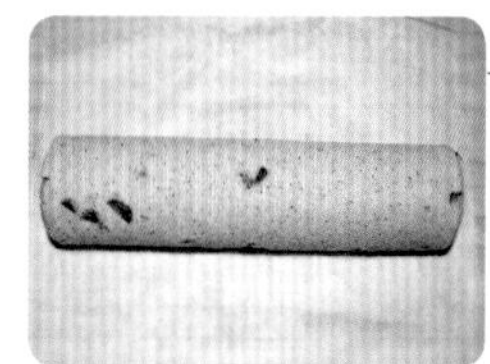

16. 用擀面杖辅助卷起来，定型半小时后切块食用。

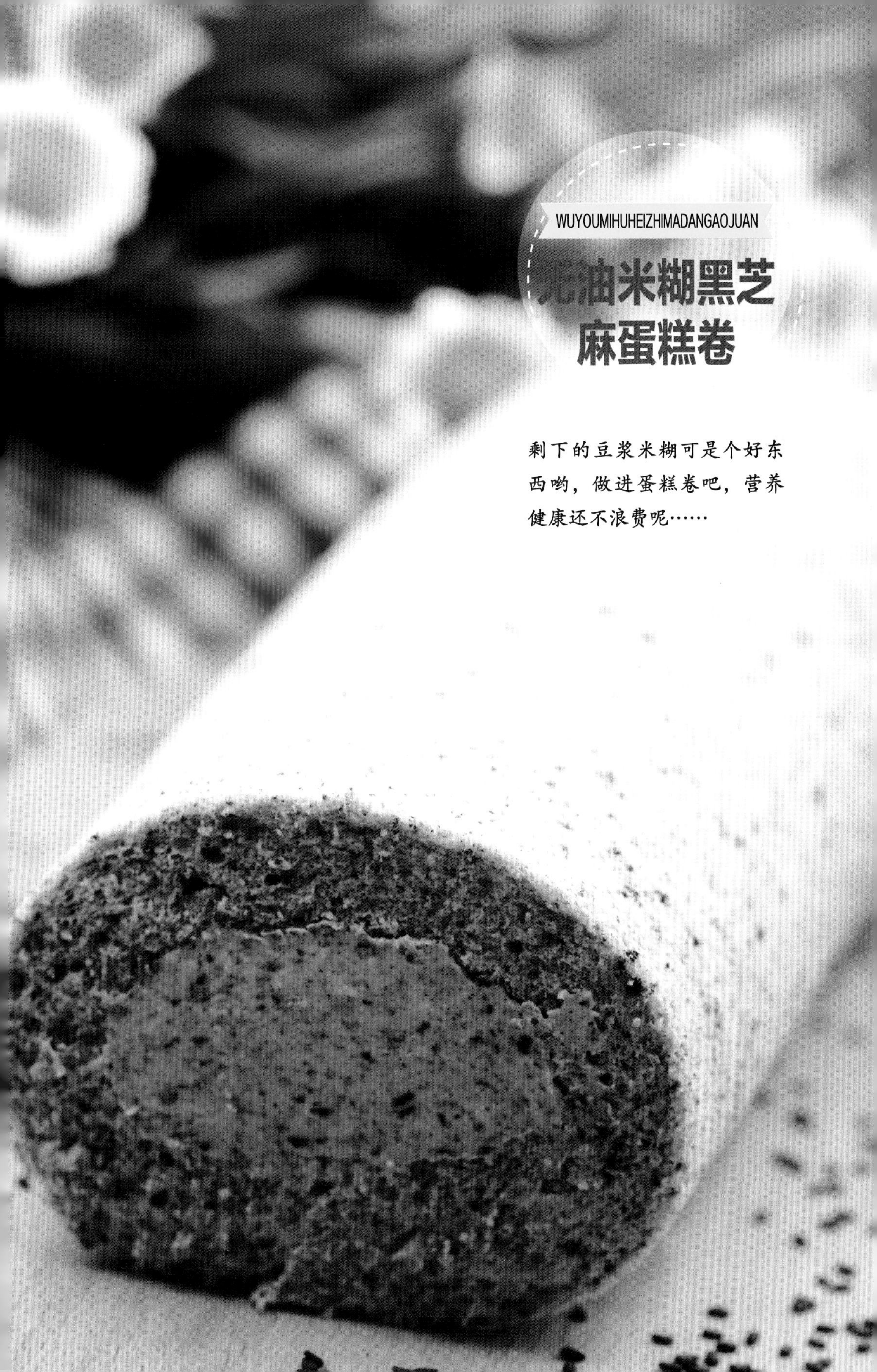

WUYOUMIHUHEIZHIMADANGAOJUAN

无油米糊黑芝麻蛋糕卷

剩下的豆浆米糊可是个好东西哟，做进蛋糕卷吧，营养健康还不浪费呢……

◎ 原料 YUANLIAO

蛋糕片：
豆浆米糊 140 克
中筋面粉 60 克
黑芝麻粉 20 克
鸡蛋 4 个
糖 30 克

夹心：
奶油奶酪 200 克
淡奶油 100 克
糖 30 克
黑芝麻粉 30 克

模具：
28 厘米 ×28 厘米
正方形烤盘

二狗妈妈碎碎念

1. 我用的是早上打豆浆剩下的豆浆米糊，您如果没有，可以用 70 克牛奶替换。
2. 这款奶酪馅真的很好吃，和蛋糕非常融合，如果您不喜欢吃奶酪，那就用淡奶油馅吧。

◎ 做法 ZUOFA

1. 28 厘米 ×28 厘米正方形烤盘铺油布备用，烤箱 190 摄氏度预热。

2. 豆浆米糊的稠度是这样的。

3. 取 140 克豆浆米糊倒入盆中。

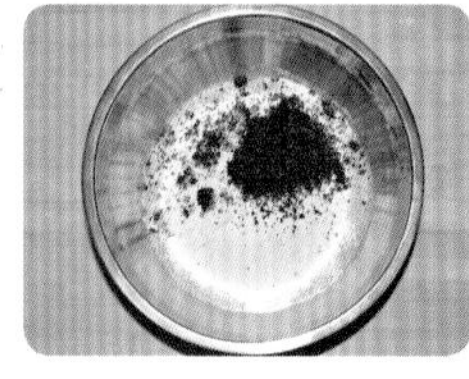

4. 筛入 60 克中筋面粉，加20克黑芝麻粉。

5. 搅拌均匀后加入 4 个蛋黄。

6. 搅拌均匀，备用。

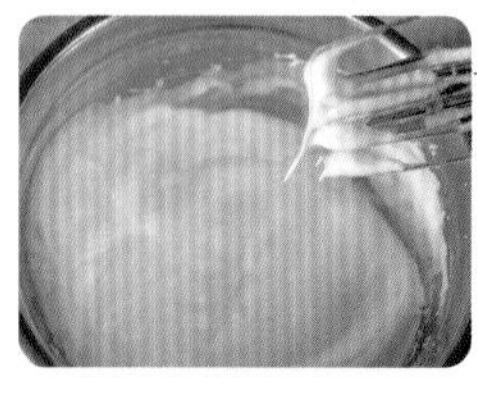

7. 4 个蛋清加入 30 克糖打发，至提起打蛋器，打蛋头上有个长一些的弯角。

8. 挖一大勺蛋清到黑芝麻蛋黄盆中。

9. 翻拌均匀后倒入蛋清盆。

10. 再次翻拌均匀。

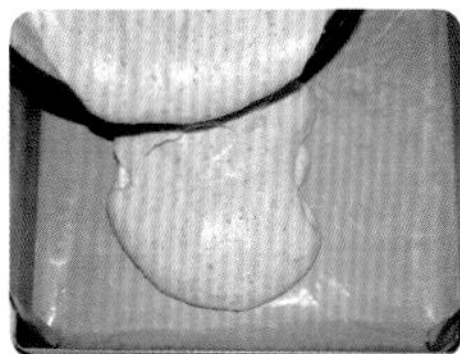

11. 倒入烤盘。

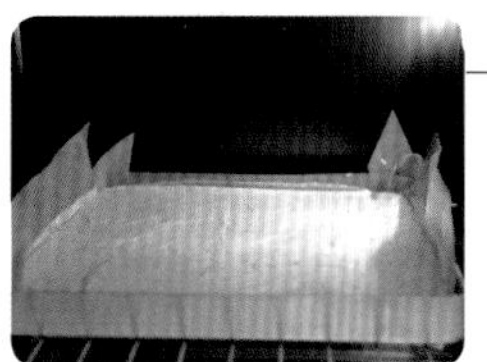

12. 用刮刀抹平，送入烤箱，中下层，上下火，190 摄氏度烘烤 12 分钟。

13. 出炉后立即揪着油布边把蛋糕片移到凉网上。

14. 凉透后翻面，揭去油布。

15. 200 克奶油奶酪放入盆中，加入 100 克淡奶油、30 克糖、30 克黑芝麻粉。

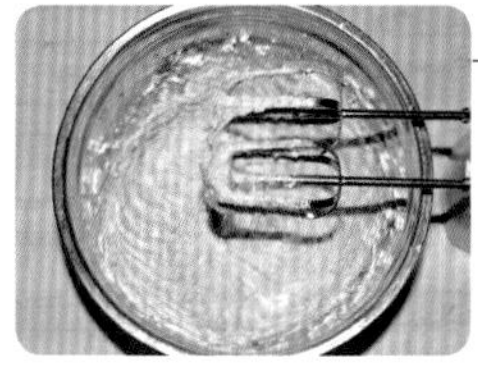

16. 用电动打蛋器搅打均匀。

17. 取一张油纸，盖住蛋糕片，连同蛋糕片一起翻面，在蛋糕片上抹奶酪馅，注意靠近自己这边抹厚一些。

18. 用擀面杖辅助卷起来，送入冰箱冷藏、定型半小时后切块食用。

CHAPTER

10

免烤蛋糕

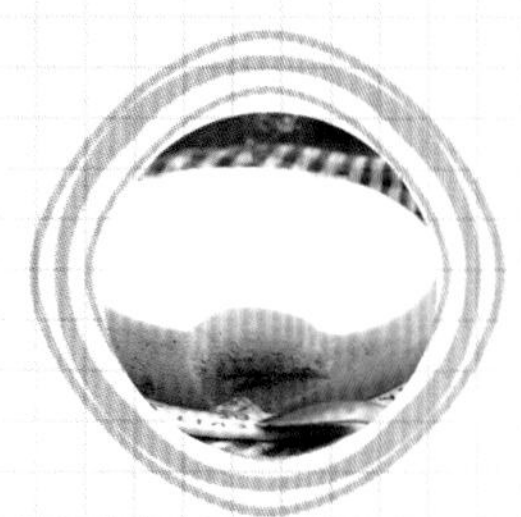

免烤蛋糕，就是不用烤箱就可以做出来的美味蛋糕。您需要的就是动起手来，把它们放进冰箱冷藏，若干小时后，一款漂亮美味的蛋糕就会出现。有没有吸引到您?

本章节的 10 款免烤蛋糕，每一款都制作便捷，虽然不需要烤箱，但一样美丽又美味。闲暇时，给家人奉上这样一款蛋糕，定会让您收获家人的一致好评……

MIANKAOMANGGUOMUSITIEHEDANGAO

免烤芒果慕斯铁盒蛋糕

把蛋糕装进盒子里，不仅携带方便，而且还不失美丽，用勺子把蛋糕挖出来的那一瞬间，吃蛋糕的您会感受到盒子里的浓情蜜意吗?

◎ 原料 YUANLIAO

饼干底：
消化饼干 100 克
无盐黄油 50 克

慕斯蛋糕：
芒果肉 200 克
吉利丁片 3 片（15 克）
淡奶油 200 克
糖 20 克

表面装饰：
芒果果肉适量

模具：
13 厘米 ×4.8 厘米铁盒 2 个

二狗妈妈碎碎念

1. 饼干也可以用奥利奥替换。
2. 吉利丁片要事先用冰水泡软再使用。
3. 如果着急吃，也可以冷冻 1 小时凝固后食用。
4. 盒子可以换您喜欢的任何盒子，保鲜盒、饼干盒都可以的。

◎ 做法 ZUOFA

1. 100 克消化饼干擀碎后，加入 50 克熔化的无盐黄油拌匀。

2. 把饼干碎铺在铁盒底部，按压结实（铁盒尺寸 13 厘米 ×4.8 厘米）。

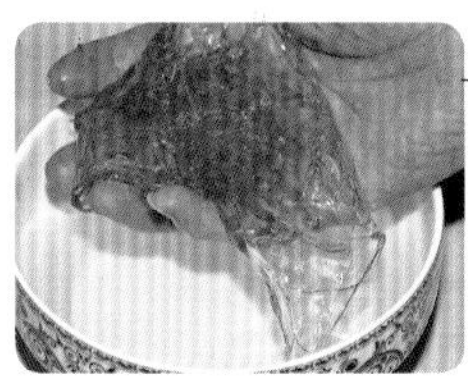

3. 3 片吉利丁用冷水泡软备用。

4. 200 克芒果打成泥，放入小锅中。

5. 加入泡软的吉利丁片，小火加热至吉利丁熔化。

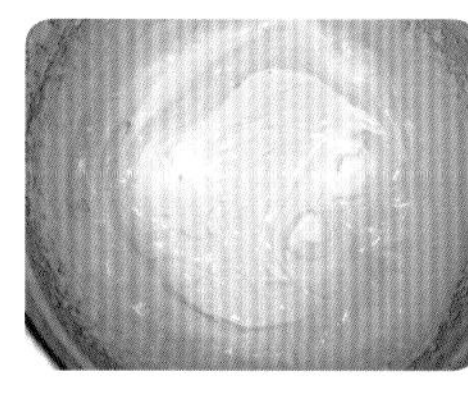

6. 200 克淡奶油加 20 克糖后打发，至有纹路可流动的状态。

7. 与芒果泥混合均匀。

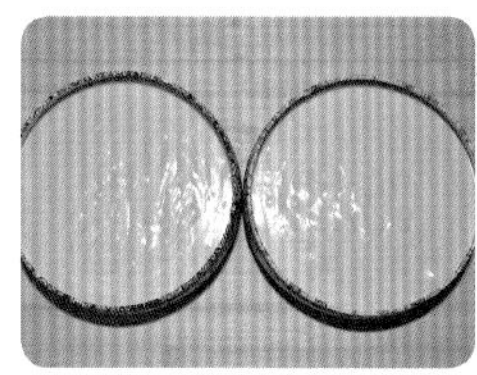

8. 倒入铁盒，送入冰箱冷藏 2 小时以上至凝固，用芒果肉装饰即可。

MIANKAOMUKANGDANGAO

免烤木糠蛋糕

非常简单好做的一款蛋糕，酥酥的消化饼干搭配浓香的淡奶油，还有丝丝的酸甜蔓越莓干，嗯，好喜欢！

◎ 原料 YUANLIAO

消化饼干 260 克
淡奶油 400 克
炼乳 40 克
蔓越莓干 50 克
装饰用可可粉适量

模具：
7 英寸心形慕斯圈、
蛋糕印花模

二狗妈妈碎碎念

1. 一定要用慕斯圈，不能用活底模具，不然底部不容易脱模哟。
2. 表面可以不装饰哟。

◎ 做法 ZUOFA

1. 7 英寸心形慕斯圈放在蛋糕垫片上备用。

2. 260 克消化饼干装进保鲜袋中擀碎，倒入碗中备用。

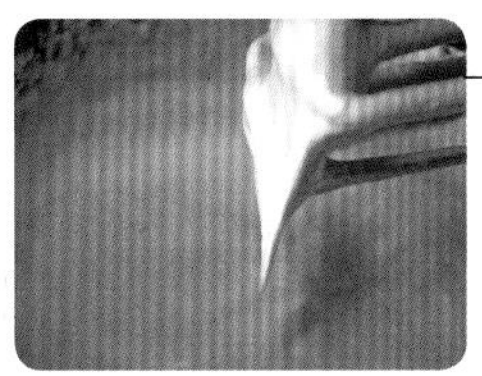

3. 400 克淡奶油打发至稍有纹路的状态（此时淡奶油可以流动）。

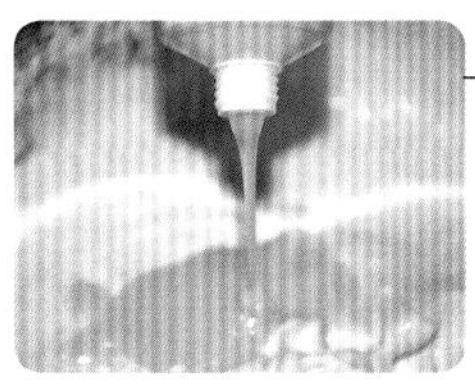

4. 加入 40 克炼乳。

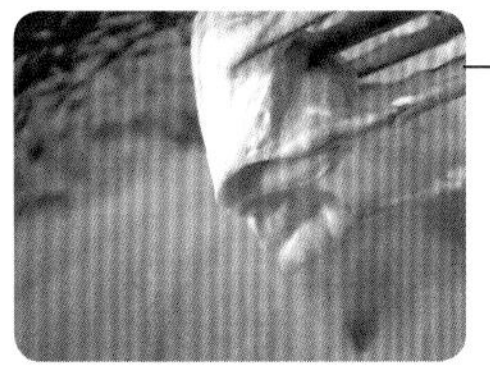

5. 继续打发到纹路清晰但勉强可以流动的状态。

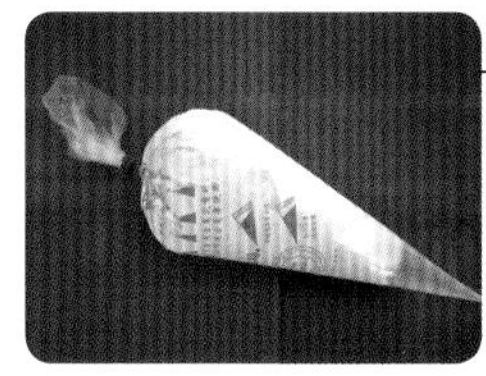

6. 装入裱花袋备用。

7. 50 克蔓越莓干切碎备用。

8. 在模具里铺一层饼干碎，用勺子背压紧实一些。

9. 裱花袋剪口，沿着模具边挤一圈淡奶油。

10. 接着挤满一层淡奶油，撒一半蔓越莓干。

11. 再铺一层饼干碎，用勺子背压紧实。

12. 再挤一层淡奶油，撒蔓越莓干。

13. 最后再铺一层饼干碎，用勺子背压紧实。

14. 送入冰箱冷冻 2 小时以上。

15. 从冰箱取出后，用吹风机吹模具边。

16. 把模具向上提走。

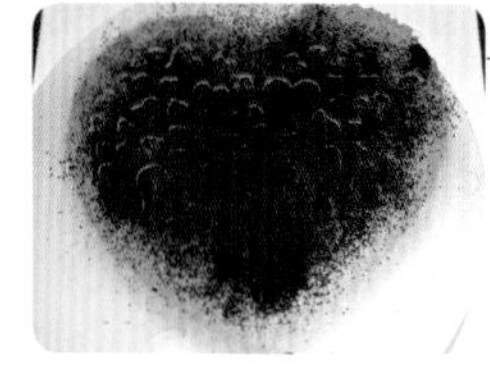

17. 盖上蛋糕印花模，筛可可粉（我用的是纯黑可可粉）。

18. 把蛋糕印花模向上垂直提走就好了。

MIANKAOTILAMISUDANGAO
免烤提拉
米苏蛋糕
提拉米苏，这个蛋糕里的爱
情故事更吸引我，吃了它，
我想你会记住我……

◎ 原料 YUANLIAO

手指饼干约 100 克	淡奶油 160 克
咖啡酒约 80 克	表面装饰用可可粉适量
蛋黄 3 个	
水 60 克	
糖 35 克	模具：
马斯卡彭奶酪 250 克	6 英寸圆形活底蛋糕模具
吉利丁片 2 片（10 克）	

二狗妈妈碎碎念

1. 吉利丁片要事先用冰水泡软再使用。
2. 混合好的奶酪糊会有点儿稀，一定要冰箱冷藏至稍浓稠再使用哟。
3. 小朋友吃，那就不用蘸咖啡酒啦。
4. 脱模方法：取一个高一点儿的瓶子（如辣酱瓶）放在模具底部，用吹风机吹模具周边，把模具边往下推，就可以脱模啦！

◎ 做法 ZUOFA

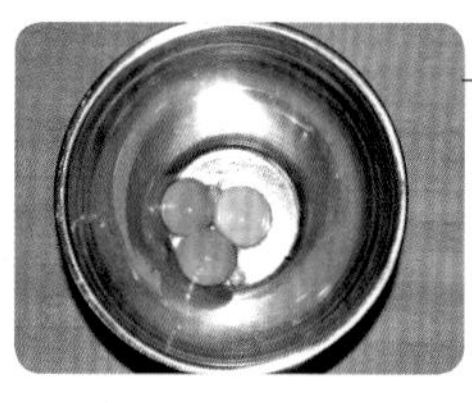

1. 3 个蛋黄打入盆中。

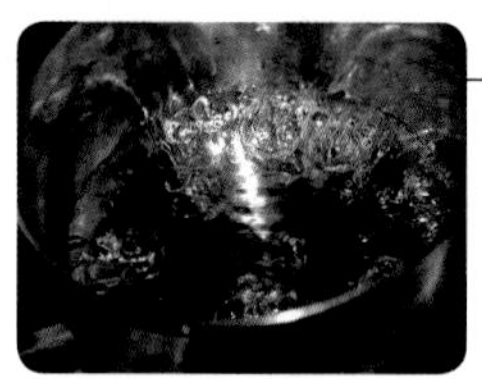

2. 60 克水加 35 克糖放小锅中煮开。

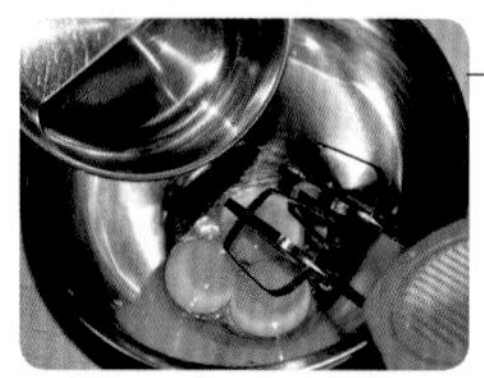

3. 把糖水缓缓倒入蛋黄，边倒糖水，边用电动打蛋器打匀。

4. 这是糖水全部加入后的状态。

5. 加入 250 克马斯卡彭奶酪。

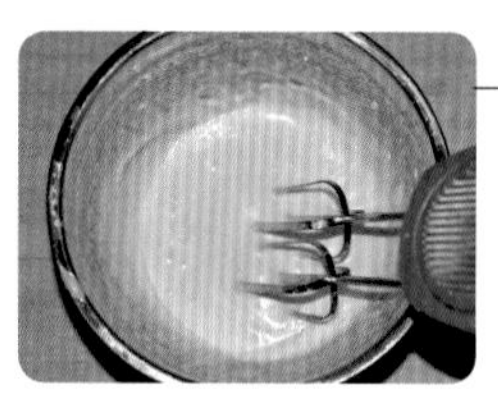

6. 用电动打蛋器搅打均匀。

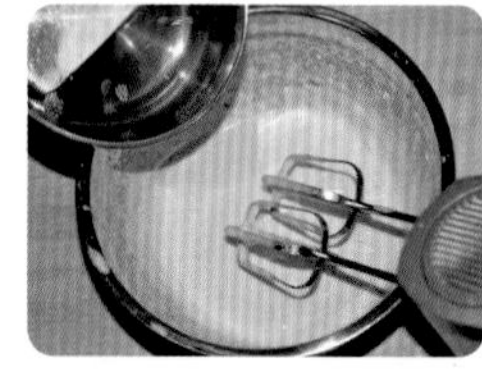

7. 加入 2 片吉利丁片水（吉利丁片提前用冷水泡 10 分钟后隔水熔化）。

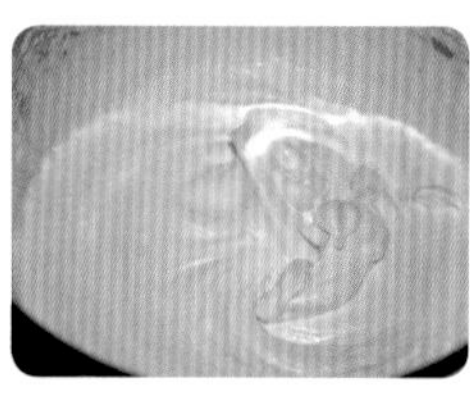

8. 160 克淡奶油打发至有纹路但还可以流动的状态。

9. 把淡奶油加到蛋黄奶酪盆中。

10. 搅拌均匀后送入冰箱冷藏 30 分钟，每隔 10 分钟搅拌均匀 1 次。

11. 这是冷藏好的样子，比较浓稠。

12. 市售手指饼干蘸满咖啡酒。

13. 把蘸好酒的手指饼干铺在 6 英寸圆形活底蛋糕模具底部。

14. 倒入一半奶酪糊。

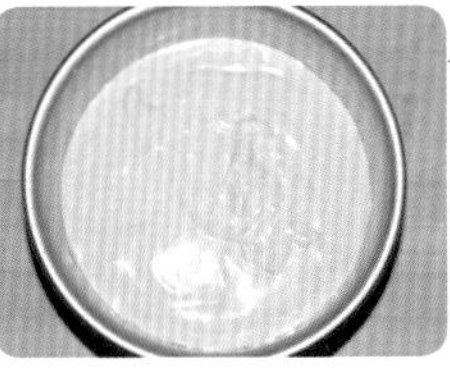

15. 轻震，使面糊变平整。

16. 再码放一层蘸好咖啡酒的手指饼干。

17. 把另外一半奶酪糊全部倒入模具中，轻震，使表面平整，送入冰箱冷藏 4 小时以上，脱模后表面筛可可粉即可食用。

MIANKAOSUANNAILIULIANDONGZHISHIDANGAO

免烤酸奶榴莲冻芝士蛋糕

榴莲控的挚爱之一，满满的榴莲香气搭上奶酪的醇香，吃上就不可能停下来……

◎ 原料 YUANLIAO

饼干底：
消化饼干 120 克
无盐黄油 60 克

冻芝士蛋糕：
奶油奶酪 250 克
糖 40 克
酸奶 100 克
吉利丁片
3 片（15 克）
榴莲果肉 250 克
淡奶油 160 克

模具：
8 英寸圆形活底蛋糕模具

二狗妈妈碎碎念

1. 饼干也可以用奥利奥替换。
2. 酸奶可以用 80 克牛奶替换。
3. 脱模方法见 P182“二狗妈妈碎碎念”第 4 条。

◎ 做法 ZUOFA

1. 120 克消化饼干加 60 克熔化的无盐黄油拌匀。

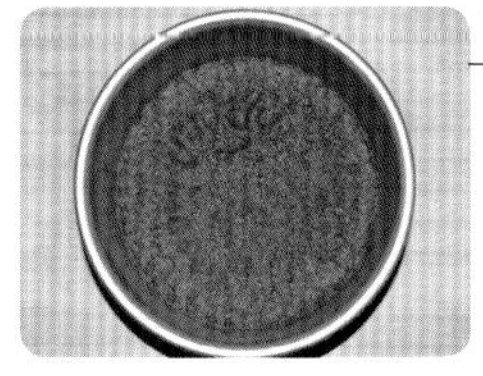

2. 铺在 8 英寸圆形活底蛋糕模具底部，压实，放入冰箱冷冻备用。

3. 250 克奶油奶酪加 40 克糖。

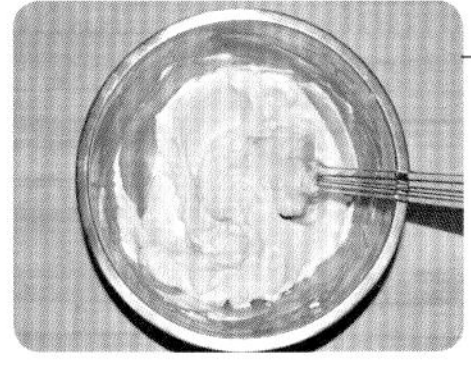

4. 隔热水搅拌至顺滑。

5. 100 克稠酸奶放入小锅中，加入 3 片用冰水泡软的吉利丁片。

6. 小火加热至吉利丁片熔化就离火。

7. 把酸奶倒进奶酪盆中。

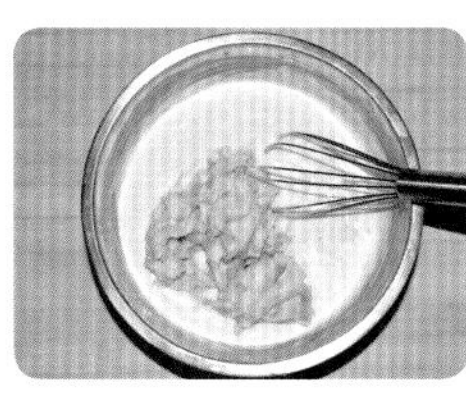

8. 搅拌均匀后加入 250 克榴莲果肉。

9. 搅拌均匀，备用。

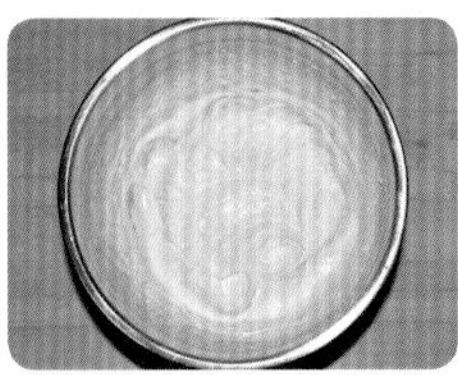

10. 160 克淡奶油打发至有纹路、可流动的状态。

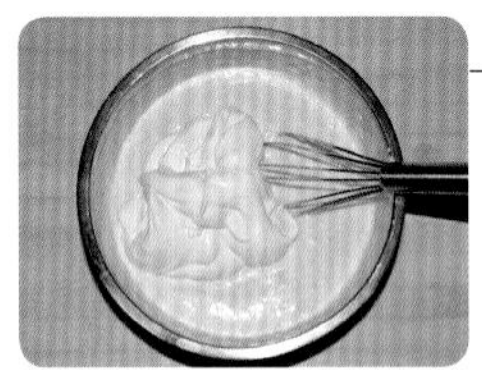

11. 把淡奶油加入到奶酪榴莲糊中。

12. 搅拌均匀后倒入模具。

13. 抹平表面，送入冰箱冷藏 4 小时以上，冷藏时间到，脱模，切块食用。

百香果的酸爽混合着奶酪的
醇香，也许像那段初恋一样
让你难忘……
MIANKAOBAIXIANGGUODONGZHISHIDANGAO
免烤百香果冻
芝士蛋糕

◎ 原料 YUANLIAO

饼干若干块
百香果汁 60 克
奶油奶酪 150 克
糖 40 克
吉利丁片 2 片
（10 克）
淡奶油 120 克

表面果冻层：
百香果肉约 25 克
水 60 克
吉利丁片半片
（2.5 克）

模具：
6 英寸圆形活底蛋糕模具

二狗妈妈碎碎念

1. 饼干可以用您喜欢的任何饼干，我用的是市售粗粮早餐饼干。
2. 果冻层一定要等到蛋糕体表面凝固再倒入。
3. 脱模方法详见 P182“二狗妈妈碎碎念”第 4 条。
4. 2 片吉利丁片用冰水泡软后，隔热水熔化，备用。

◎ 做法 ZUOFA

1. 饼干铺满 6 英寸圆形活底蛋糕模具的底部。

2. 4 个百香果取果肉，过滤出汁，取 60 克备用。

3. 150 克奶油奶酪放入盆中，加入 40 克糖。

4. 奶油奶酪和糖隔水加热搅打至顺滑后，加入百香果汁。

5. 搅拌均匀。

6. 加入 2 片吉利丁片熔化的水，搅拌均匀备用。

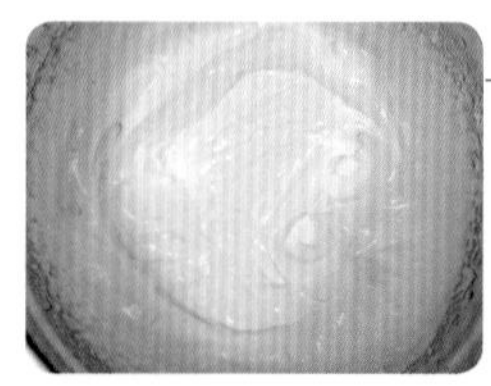

7. 120 克淡奶油打发，至有纹路、可流动的状态。

8. 把打发好的淡奶油倒入百香果奶酪糊中。

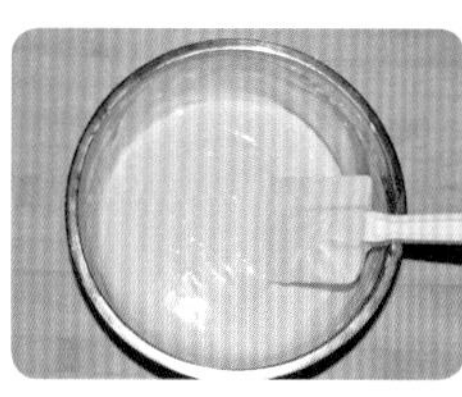

9. 搅拌均匀。

10. 倒入模具中。

11. 送入冰箱冷冻 30 分钟，至表面凝固。

12. 1 个百香果肉取出放入小锅中，加入 60 克水、半片泡软的吉利丁片，小火煮至吉利丁片熔化即可。

13. 倒在已经凝固的蛋糕表面。

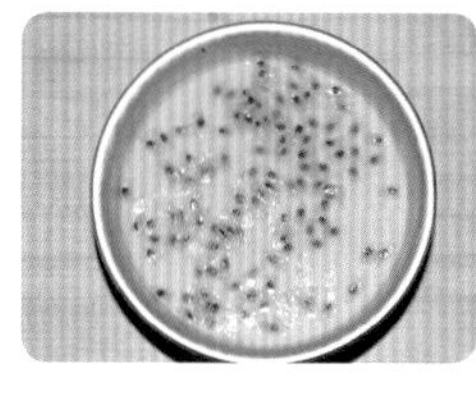

14. 送入冰箱冷藏至少 4 小时后，脱模，切块食用。

MIANKAONANGUADONGZHISHIDANGAO

免烤南瓜冻芝士蛋糕

◎ 原料 YUANLIAO

饼干若干块
奶油奶酪 160 克
糖 40 克
南瓜泥 120 克
吉利丁片 2 片（每片约 5 克）
淡奶油 150 克

表面果冻层：
盐渍樱花适量
水 80 克
糖 5 克
吉利丁片半片（2.5 克）

模具：
6 英寸圆形活底蛋糕模具

你那么美，美得让人心醉……

◎ 做法 ZUOFA

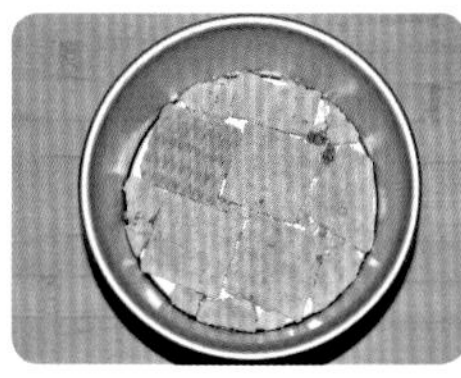

1. 用饼干铺满 6 英寸圆形活底蛋糕模具底部。

2. 160 克奶油奶酪加 40 克糖。

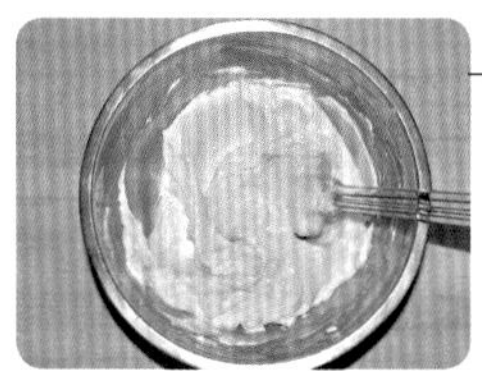

3. 隔热水搅拌至顺滑。

4. 加入 120 克南瓜泥。

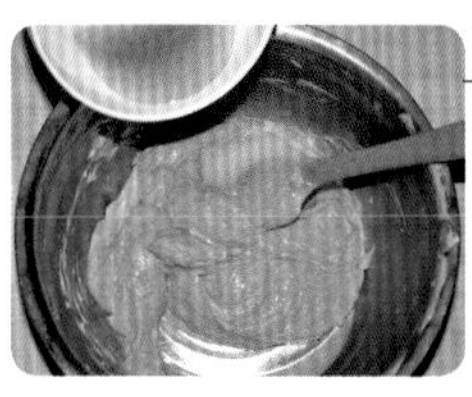

5. 搅拌均匀后加入 2 片吉利丁片熔化成的水。

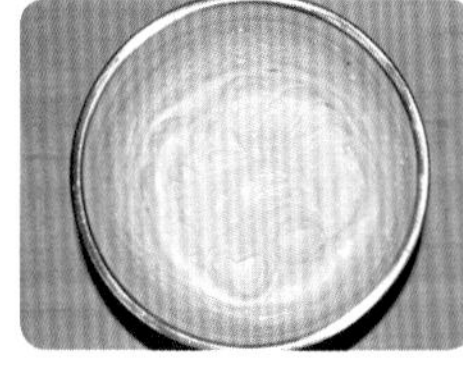

6. 150 克淡奶油打发至有纹路、可流动的状态。

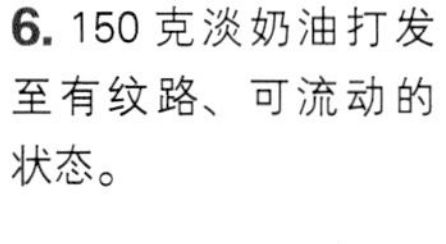

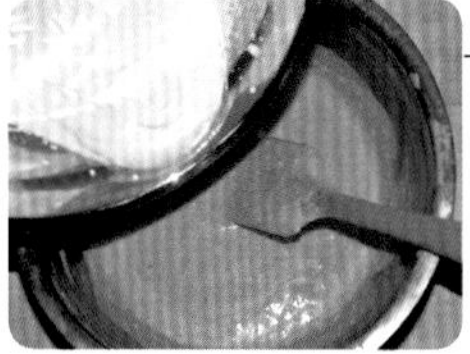

7. 把打好的淡奶油倒进南瓜奶酪糊中。

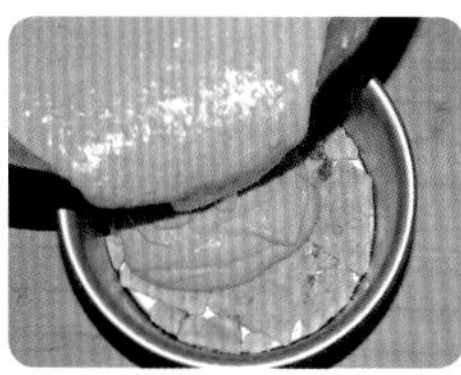

8. 倒入铺好饼干的模具里。

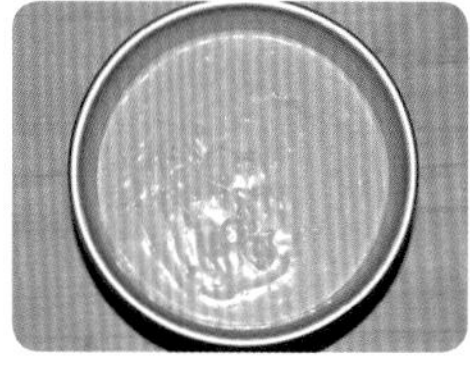

9. 送入冰箱冷冻 30 分钟左右，至蛋糕表面凝固。

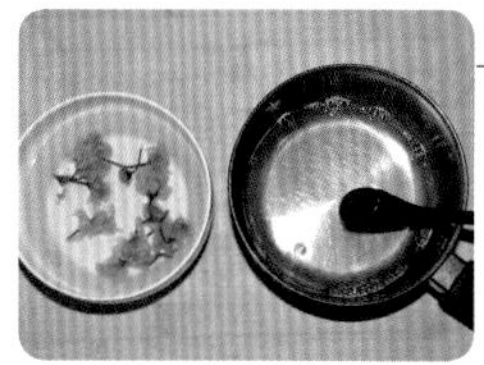

10. 盐渍樱花用水泡好，80 克水加 5 克糖、半片吉利丁片小火熔化。

11. 把小锅中的液体倒在蛋糕上。

12. 再把盐渍樱花按您的喜欢摆在蛋糕表面上，放入冰箱冷藏至少 4 小时以上，凝固后脱模，切块食用。

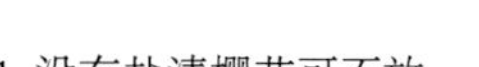

二狗妈妈碎碎念

1. 没有盐渍樱花可不放。
2. 表面果冻层一定要等蛋糕体表面凝固后再倒入。
3. 不喜欢果冻层也可以不做。
4. 脱模方法详见 P182“二狗妈妈碎碎念”第 4 条。
5. 吉利丁片熔化方法见 P188“二狗妈妈碎碎念”第 4 条。

MIANKAOCAOMEIDONGZHISHIDANGAO
免烤草莓冻
芝士蛋糕
多好看的你，娇艳欲滴……

◎ 原料 YUANLIAO

饼底：
消化饼干 100 克
无盐黄油 50 克

蛋糕：
100 克草莓泥
奶油奶酪 130 克
糖 30 克
吉利丁片 2 片
（每片约 5 克）
淡奶油 140 克

表面果冻层：
草莓 160 克
糖 30 克
柠檬汁 5 克
水 100 克
吉利丁片 1 片（5 克）

模具：
6 英寸圆形活底蛋糕模具

二狗妈妈碎碎念

1. 果冻层一定要等到蛋糕体表面凝固后再装饰，不然容易混合，效果不好看。
2. 脱模方法详见 P182“二狗妈妈碎碎念”第 4 条。
3. 2 片吉利丁片用冰水泡软后，隔热水熔化，备用。

◎ 做法 ZUOFA

1. 100 克消化饼干加 50 克熔化的无盐黄油拌匀。

2. 铺在 6 英寸圆形活底蛋糕模具底部，压实，放入冰箱冷冻备用。

3. 100 克草莓打成果泥备用。

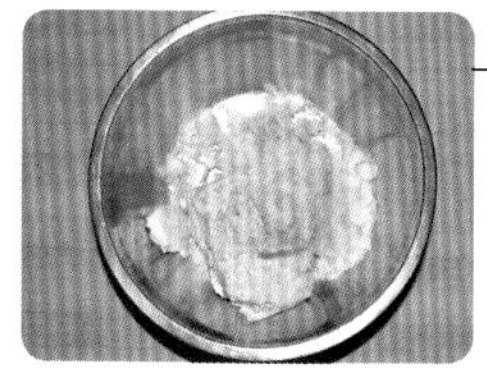

4. 130 克奶油奶酪加 30 克糖。

5. 隔热水搅至顺滑后加入草莓泥。

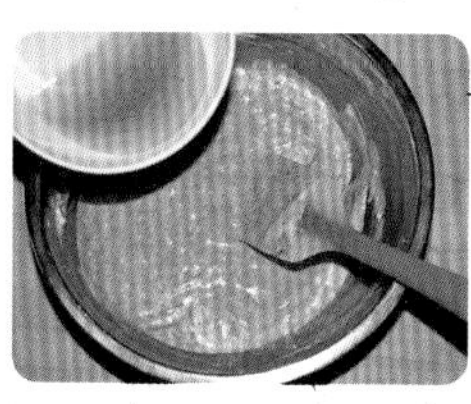

6. 搅拌均匀后加入 2 片吉利丁片熔化的水。

7. 140 克淡奶油打发至有纹路、可流动的状态。

8. 把淡奶油倒入草莓奶酪盆中。

9. 搅拌均匀。

10. 倒入模具中。

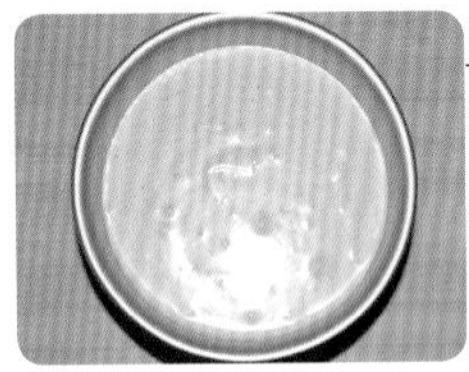

11. 整理平整后，送入冰箱冷冻 30 分钟，至表面凝固。

12. 160 克草莓洗净，每颗草莓都一分为二放进小锅中，加入 30 克糖、5 克柠檬汁、100 克水，小火煮 1 分钟关火。

13. 加入 1 片泡软的吉利丁片，迅速搅拌至吉利丁片熔化，放凉。

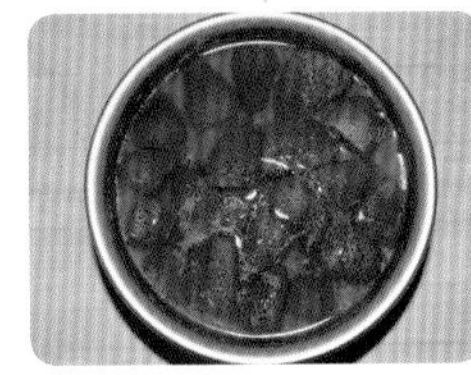

14. 把冰箱冷冻的蛋糕取出，先把草莓用筷子摆好，注意全部正面朝上哟，然后把煮草莓的水倒在蛋糕上，送入冰箱冷藏至少 4 小时以上，再脱模具，切块食用。

QIAOKELIJIANBIANDONGZHISHIDANGAO

巧克力渐变冻芝士蛋糕

每一层口感都不一样，融合在一起好吃极了……

◎ 原料 YUANLIAO

饼底：
奥利奥碎 200 克
无盐黄油 100 克

蛋糕：
黑巧克力 200 克
奶油奶酪 300 克
糖 70 克
吉利丁片 4 片
（每片约 5 克）
淡奶油 400 克

表面装饰层：
黑巧克力碎 150 克
淡奶油 150 克
松子仁适量

模具：
8 英寸正方形活底蛋糕模具

二狗妈妈碎碎念

1. 如果不想做渐变色，那直接在第 9 步骤后，加入熔化的黑巧克力，再加入 90 克牛奶搅拌均匀，倒入模具，冷藏至凝固，这就是巧克力乳酪冻芝士蛋糕啦。
2. 表面装饰也可以不用松子仁，用您喜欢的干果碎都可以。
3. 脱模方法详见 P182“二狗妈妈碎碎念”第 4 条。

◎ 做法 ZUOFA

1. 200 克奥利奥碎加 100 克熔化的无盐黄油拌匀。

2. 铺在 8 英寸正方形活底模具底部，压紧实，送入冰箱冷冻。

3. 200 克黑巧克力隔水熔化备用。

4. 300 克奶油奶酪加 70 克糖。

5. 隔热水搅拌至顺滑。

6. 加入 4 片吉利丁片熔化的水（吉利丁片提前用冰水泡软，隔热水熔化）。

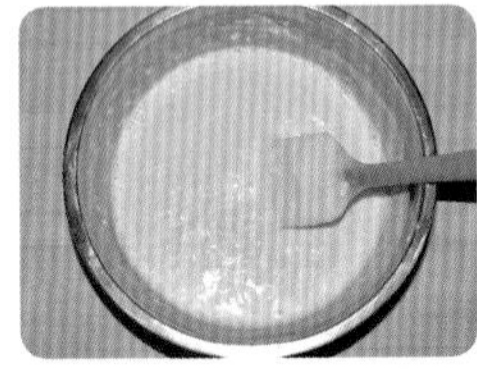

7. 搅拌均匀。

8. 400 克淡奶油打发至有纹路、可流动的状态。

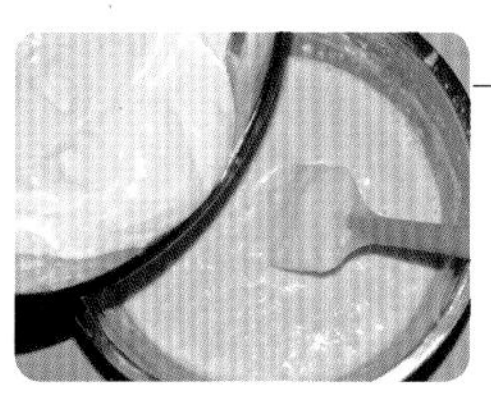

9. 加入奶酪盆中。

10. 搅匀后分成 3 份。

11. 把之前熔化的黑巧克力中的 40 克倒入一个碗中，另外的都倒入另外一个碗中。

12. 分别搅匀后，在每个碗中各加入 30 克牛奶，分别搅匀。

13. 取颜色最深的奶酪糊倒入模具，抹平，送入冰箱冷冻 10 分钟至表面凝固。

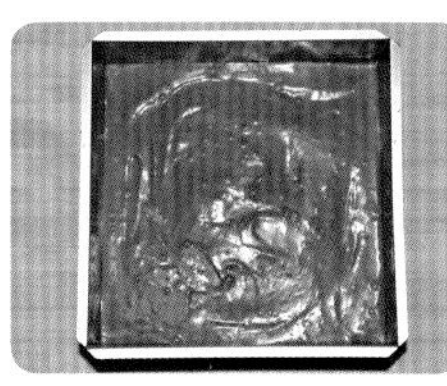

14. 取出后，把浅咖啡色奶酪糊倒入模具，抹平，送入冰箱冷冻 10 分钟至表面凝固。

15. 取后把白色奶酪糊倒入模具，抹平，送入冰箱冷冻 10 分钟至表面凝固。

16. 150 克淡奶油加 150 克黑巧克力碎放入小锅中。

17. 小火加热至黑巧克力至熔化。

18. 这时候，把蛋糕从冰箱取出，把黑巧克力淡奶油倒入模具。

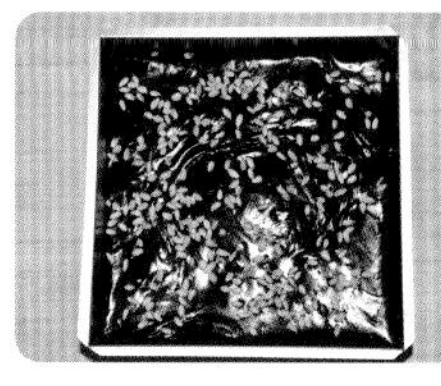

19. 抹平表面后，撒满松子仁，送入冰箱冷藏 4 小时以上至凝固，脱模，切块食用。

QIANCENGMANGGUODANGAO

千层芒果蛋糕

小小平底锅就可以做出来的美味，稍加装饰，摇身一变，就可以华丽丽地端到朋友聚会的饭桌上……

◎ 原料 YUANLIAO

饼皮：
牛奶 400 克
糖 30 克
鸡蛋 2 个
玉米油 30 克
低筋面粉 160 克

夹层：
芒果肉约 300 克
淡奶油 300 克
糖 10 克

模具：
直径 16 厘米不粘平底锅

◎ 做法 ZUOFA

1. 400 克牛奶倒入盆中，加入 30 克糖。

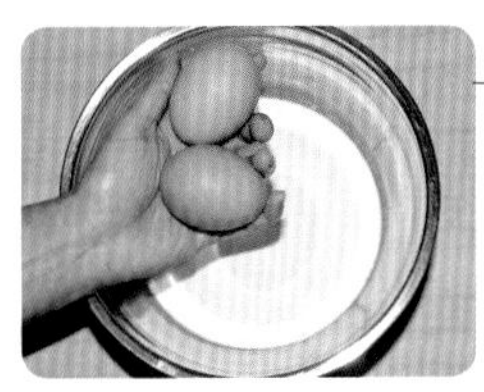

2. 加入 2 个鸡蛋。

3. 加入 30 克玉米油（或熔化的无盐黄油）。

4. 搅拌均匀后筛入 160 克低筋面粉。

5. 搅拌均匀。

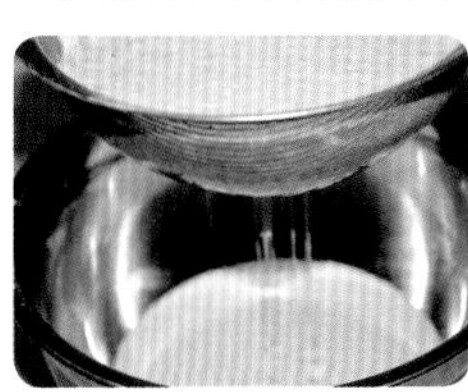

6. 把面糊过筛。

7. 过筛后的面糊盖好，放入冰箱冷藏30分钟。

8. 直径16厘米不粘平底锅小火烧热。

9. 舀一勺面糊倒入平底锅，快速转动平底锅，使面糊盖满锅底。

10. 小火煎至表面有小鼓泡。

11. 把摊好的饼皮倒扣在油纸上。

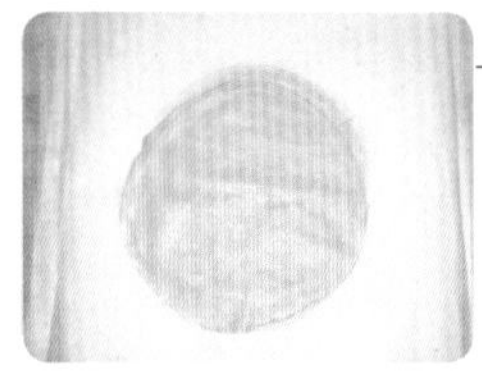

12. 把所有面糊都摊好饼皮，注意每张饼皮都用油纸隔开，放凉备用。

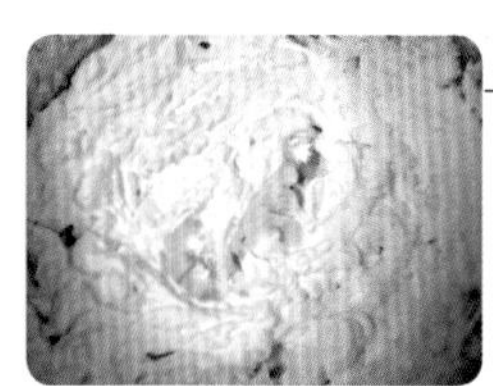

13. 300克淡奶油加10克糖后打发，一直到非常浓稠的状态。

14. 3个中等大小的芒果去皮、去核，取肉，切成薄片。

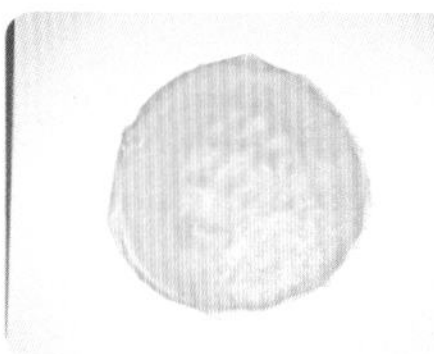

15. 取一个蛋糕垫片，抹一点淡奶油后，放一张饼皮。

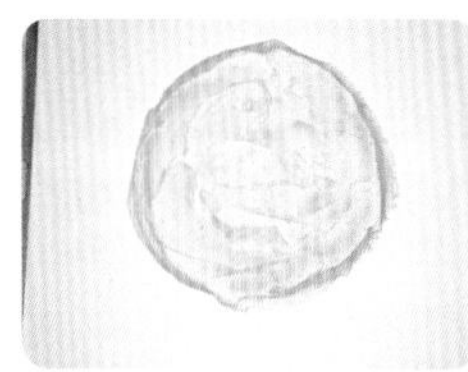

16. 薄薄抹一层淡奶油，再盖一张饼皮，再抹一层淡奶油。

17. 铺一层芒果肉。

18. 在果肉上盖上淡奶油。

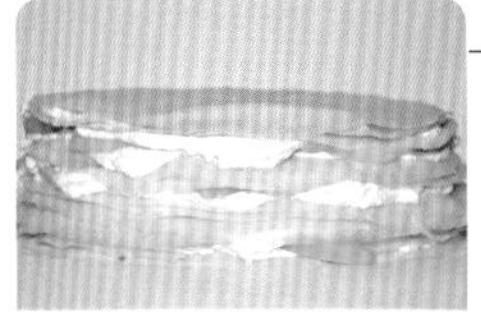

19. 以此类推，把所有饼皮、淡奶油、芒果叠放好。

20. 没用完的淡奶油在表面挤一圈花，中间放满芒果肉，送入冰箱冷藏至少2小时后切开食用。

二狗妈妈碎碎念

1. 千层蛋糕的面糊一定要过筛，才可以使面糊更细腻。
2. 我做的是每二三层夹一层芒果，您也可以每层都夹芒果，那就需要更多的芒果肉哟。
3. 做好的千层蛋糕不要立即切开食用，一定要冷藏若干小时后，等淡奶油非常稳定了再切开，切面才会漂亮，我的这个蛋糕冷藏了一夜。

MIANKAOSUANNAIHUOLONGGUOSHUANGSEMUSIDANGAO
免烤酸奶火龙果
双色慕斯蛋糕
粉色白色，看了就不禁心动，
拿起勺子，快来尝一口吧……

◎ 原料 YUANLIAO

红心火龙果肉150克
稠酸奶150克
吉利丁片2片（10克）
淡奶油200克
糖30克

模具：
6英寸圆形活底蛋糕模具

二狗妈妈碎碎念

1. 不喜欢双色，那在第1步就可以把火龙果和酸奶放在一个碗中，第3步骤的淡奶油直接加入，倒入模具，就是粉红色的火龙果慕斯蛋糕啦。
2. 这款慕斯蛋糕稍软，适合用勺子食用，如果喜欢硬一些口感，可以增加1片吉利丁片。
3. 2片吉利丁片用冰水泡软，然后隔热水熔化，备用。

◎ 做法 ZUOFA

1. 150克红心火龙果肉打成泥放入碗中，150克稠酸奶放入碗中。

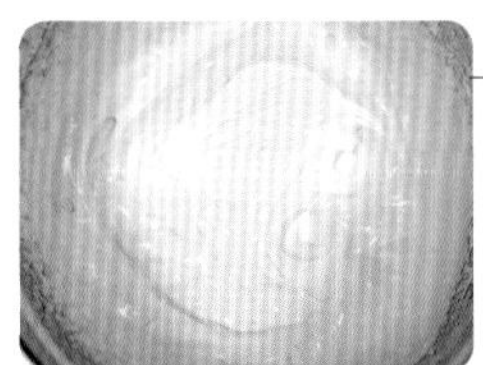

2. 200克淡奶油加30克糖后打发，至有纹路、可流动的状态。

3. 淡奶油中加入用2片吉利丁片熔化的水。

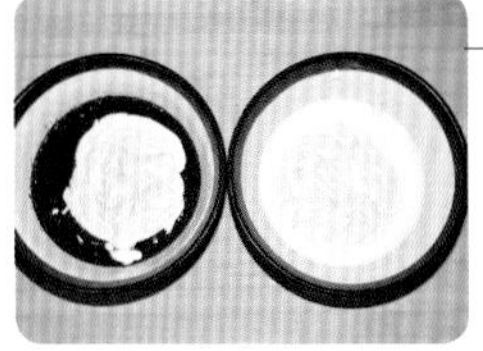

4. 搅拌均匀后分成2份，分别加在两个碗中。

5. 分别搅拌均匀。

6. 先把红色火龙果慕斯糊倒入6英寸圆形活底蛋糕模具中。

7. 送入冰箱冷冻20分钟至表面凝固。

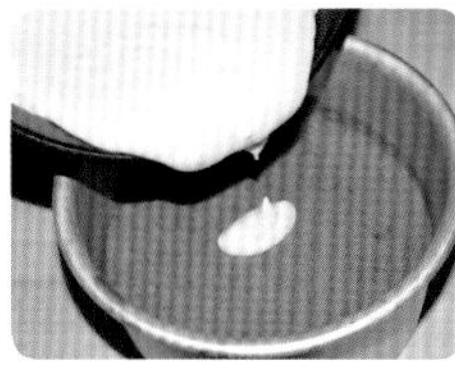

8. 把酸奶慕斯糊倒在红色慕斯糊上面。

9. 整理平整后，送入冰箱冷藏4小时以上，至全部凝固后，脱模，切块食用。

CHAPTER 11 生日蛋糕

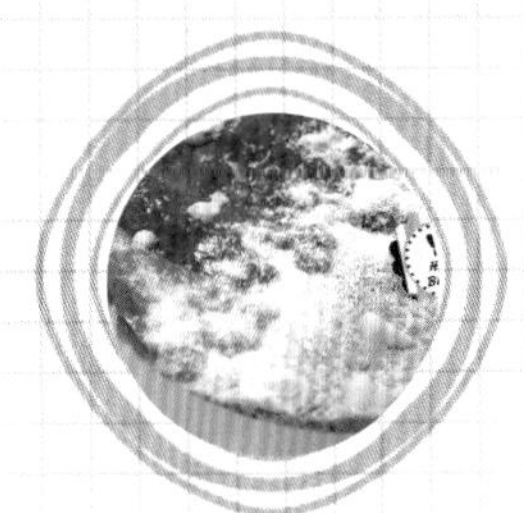

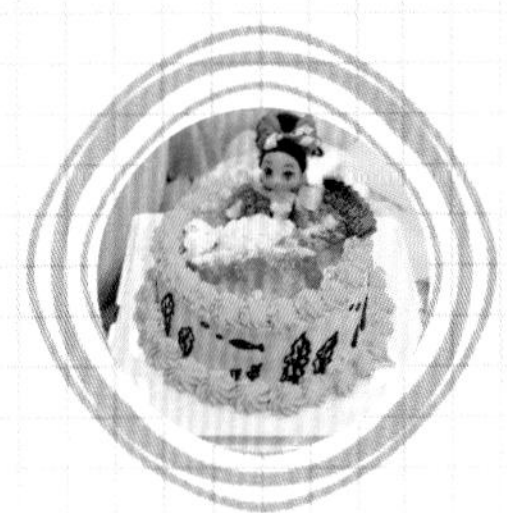

每次生日，没有一个蛋糕似乎缺少了些什么。很喜欢在蛋糕上插上蜡烛，点燃，许愿，吹灭……多少感动的时刻都是在这一瞬间……

本章节的每一款生日蛋糕，背后都有一个故事，这个故事属于我和我的朋友们，也可以属于您和您的朋友们，那就需要您来亲手做一款生日蛋糕送给他或她，这份情意可不是市售蛋糕能够代替的……

CAIHONGSHENGRIDANGAO

彩虹生日蛋糕

先生不爱说话，只是用实际行动默默地关爱着这个家。40 岁生日的时候，我给他做的这款生日蛋糕，谢谢他在我的人生里，给我画出了一道又一道的美丽彩虹……

◎ 原料 YUANLIAO

8英寸酸奶戚风蛋糕1个

第一次打发的淡奶油：
淡奶油500克
糖20克

第二次打发的淡奶油：
淡奶油300克
糖10克
红、蓝、黄、绿、紫色素少许

第三次打发的淡奶油：
淡奶油200克
糖8克
天蓝色色素少许

配料：
新鲜水果适量

花嘴：
星星花嘴

二狗妈妈碎碎念

1. 淡奶油分次打发，可以有效降低淡奶油软化的速度。如果夏天室温过高，请开足冷气，并且淡奶油要垫冰水打发哟。
2. 水果选用您喜欢的新鲜水果就可以了。
3. 第三次打发淡奶油要稍软一些，这样才能把表面抹平。
4. 底边我用挤彩虹余下的奶油，无所谓哪种颜色，只要余下了，就去挤底边，挤满就行。

◎ 做法 ZUOFA

1. 1个8英寸酸奶戚风蛋糕分成3片，备用。

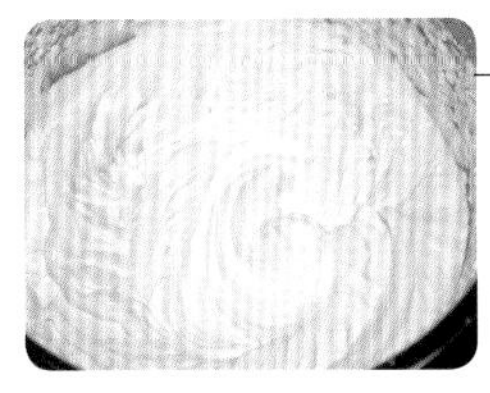

2. 500克淡奶油加20克糖后打发到稍软的状态。

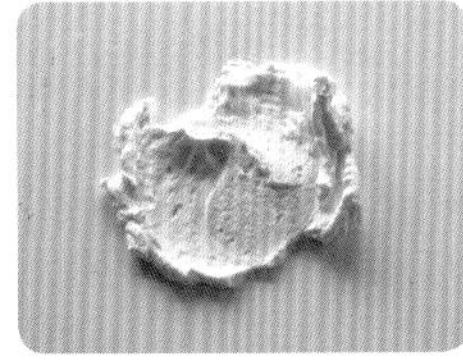

3. 在蛋糕垫片上中间先抹一点儿奶油。

4. 把一片蛋糕片放在垫片中间，稍按压。

5. 抹一层奶油，摆放自己喜欢的水果。

6. 在水果上盖一层奶油。

7. 重复4~6的步骤后，盖上第三片蛋糕。

8. 用盆中剩余的奶油抹平表面（此步不需要非常平整），送入冰箱冷藏备用。

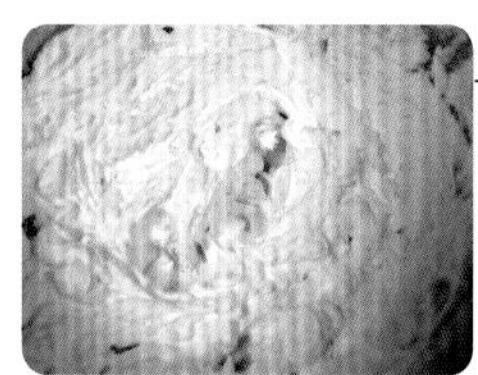

9. 300 克淡奶油加 10 克糖打发，一直到非常浓稠的状态。

10. 先用裱花袋装 1/6，再把淡奶油分成 5 份，分别调成红、蓝、黄、绿、紫 5 个颜色，送入冰箱冷藏备用。

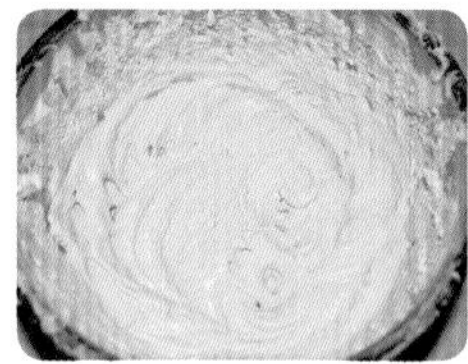

11. 接着我们在奶油盆中加入 200 克淡奶油和 8 克糖，1 滴天蓝色色素，打发至比较顺滑的状态。

12. 用蓝色淡奶油把蛋糕整体抹平。

13. 把预留的紫色淡奶油用星星花嘴先挤出 2 行紫星星，剩下的紫色淡奶油在蛋糕底边挤星星，能挤多少挤多少。

14. 再用蓝色淡奶油挤两行星星，剩下的蓝色奶油可以去挤底边（如果紫色就挤满底边，那此步骤省略）。

15. 接着用绿色、红色、黄色依顺序挤出彩虹的形状。

16. 用预留的白色淡奶油挤出白云，插上蛋糕牌就大功告成啦。

好朋友胡胡的女儿9岁了，在猴年送她个小猴子蛋糕，高兴得直跳，希望这位小美人儿永远快乐，像小猴子一样精力满满、智慧多多……
XIAOHOUZISHENGRIDANGAO
小猴子
生日蛋糕
CANDLES
Birthday

◎ 原料 YUANLIAO

8 英寸酸奶戚风蛋糕 1 个

第一次打发的淡奶油：
淡奶油 500 克
糖 20 克

第二次打发的淡奶油：
淡奶油 200 克
糖 8 克

第三次打发的淡奶油：
淡奶油 200 克
糖 8 克
可可粉 15 克

配料：
巧克力膏少许
新鲜水果适量
奥利奥饼干 6 片

花嘴：
星星花嘴

二狗妈妈碎碎念

1. 水果选用您喜欢的新鲜水果就行，猴子脸蛋可以用大樱桃、草莓、山楂替换。
2. 如果没有巧克力膏，可以用 30 克黑巧克力加 30 克淡奶油熔化使用。

◎ 做法 ZUOFA

1. 一个 8 英寸酸奶戚风蛋糕分成 3 片，其中最上面那一片要将边缘修成有斜度的哟。

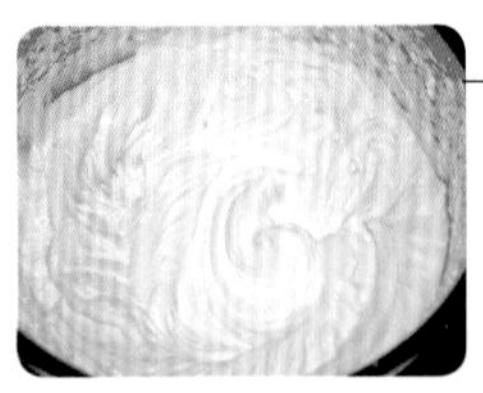

2. 500 克淡奶油加 20 克糖后打发到稍软的状态。

3. 在 8 英寸蛋糕垫片中间先抹一点儿奶油。

4. 把一片蛋糕片放在垫片中间，稍按压。

5. 抹奶油，摆放自己喜欢的水果。

6. 在水果上再盖一层奶油。

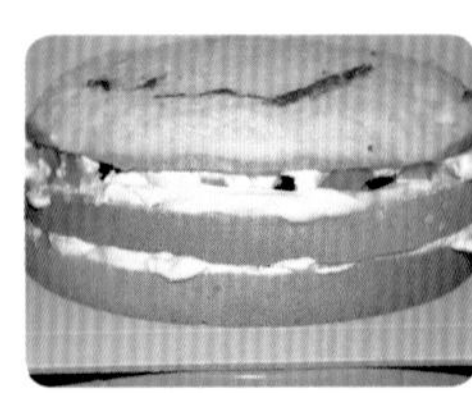

7. 重复 4~6 的步骤后，盖上第三片蛋糕。

8. 再用淡奶油抹在蛋糕外，抹不平整也没关系哟。

9. 用牙签勾勒出猴子的样子，用巧克力膏画出猴子脸。

10. 把 6 片奥利奥饼干切去一点儿。

11. 用奶油黏合在猴子脸两侧。

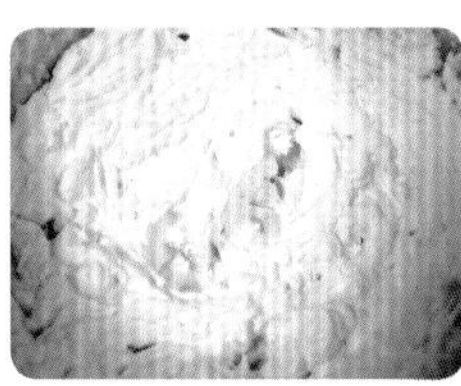

12. 200 克淡奶油加入 8 克糖后打发，一直到非常浓稠的形态。

13. 用裱花袋装上小星星花嘴，把猴子脸挤满星星。

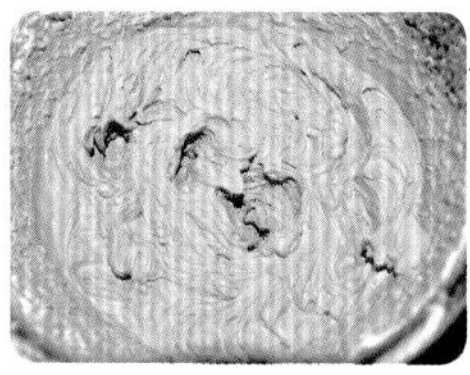

14. 在淡奶油盆中再加入 200 克淡奶油和 8 克糖、15 克可可粉打发，直到非常浓稠的状态。

15. 用裱花袋装上小星星花嘴，把猴子头挤满星星。

16. 用挖勺器挖出两团西瓜作脸蛋。

HAIYANGSHENGRIDANGAO

海洋生日蛋糕

用大海来形容我对你的爱，还是用大海来形容你对我的爱呢？就这样相爱下去吧……致我的闺蜜宁宁……

◎ 原料 YUANLIAO

8英寸酸奶戚风蛋糕2片
吉利丁片6片
雪碧200克
奶油奶酪250克
糖60克
稠酸奶300克
淡奶油400克
蓝色色素适量
白巧克力60克
消化饼干3片
椰蓉少许

模具：
8英寸活底蛋糕模具
贝壳巧克力模具

二狗妈妈碎碎念

1. 雪碧可用鸡尾酒替换，如果家里有小朋友就不要用酒喽。
2. 熔化吉利丁片时，要用小火，边开火边搅拌，只要一熔化就关火，不要等到沸腾，不然影响凝固效果。
3. 冷藏时间最好长一点儿，至少4小时以上，我都是冷藏一宿。

◎ 做法 ZUOFA

1. 1个8英寸酸奶戚风蛋糕片出2片备用（每片厚约1.5厘米）。

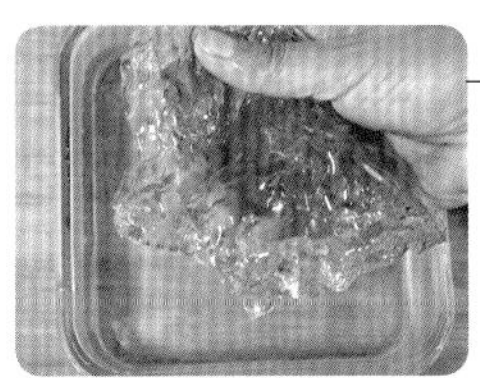

2. 6片吉利丁片用冷水泡软，冰箱冷藏备用。

3. 200克雪碧加1片吉利丁加热至吉利丁熔化，倒入2个小碗中，用牙签蘸蓝色色素调出深蓝浅蓝，放入冰箱冷藏至凝固备用。

4. 250克奶油奶酪加60克糖放入盆中。

5. 隔水加热至奶油奶酪和糖充分融合。

6. 加入200克稠酸奶搅拌均匀。

7. 取一个小奶锅，倒入100克稠酸奶，加入5片泡好的吉利丁片。

8. 小火加热至吉利丁熔化。

9. 把小奶锅中的酸奶倒入奶油奶酪盆，充分搅拌均匀，备用。

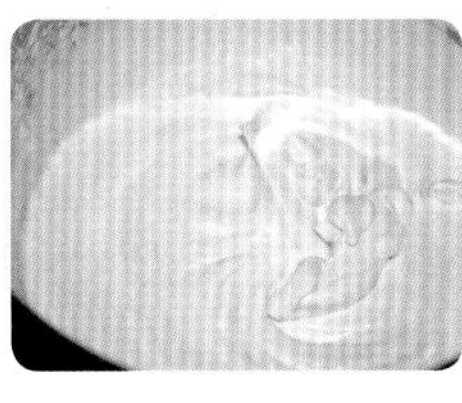

10. 400克淡奶油打发至有纹路但还可以流动的状态。

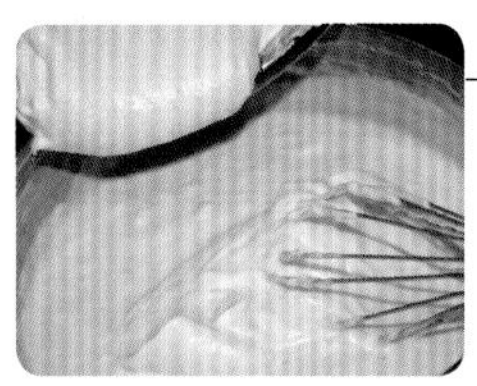

11. 把淡奶油倒入奶油奶酪盆中。

12. 充分搅匀，慕斯糊就做好了。

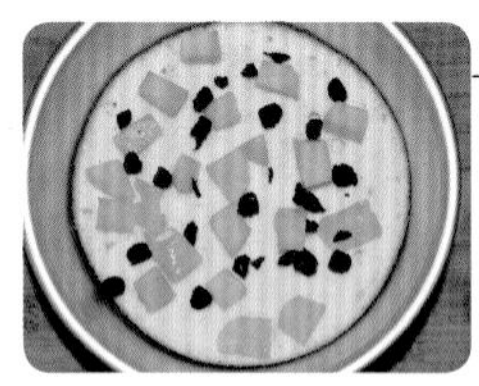

13. 准备好 8 英寸活底蛋糕模具，先放一片蛋糕片，撒些您喜欢的水果丁。

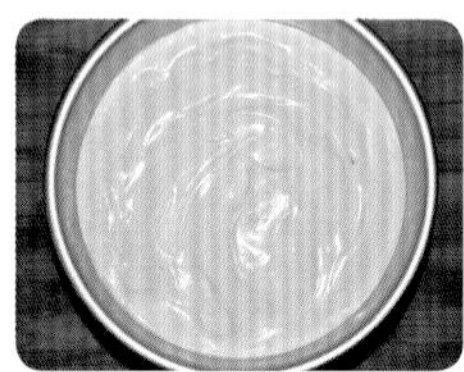

14. 倒入一半慕斯糊。

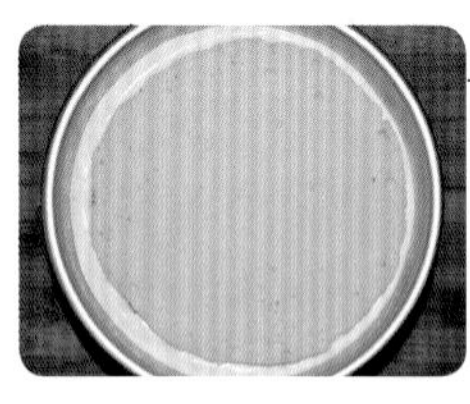

15. 把第二片蛋糕片剪小一点儿后放在慕斯糊中间，稍压一下。

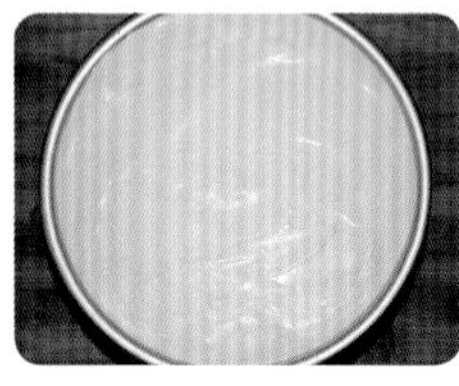

16. 再把剩余慕斯糊倒进去，抹平表面。

17. 放入冰箱冷藏，至少 4 小时以上至慕斯糊凝固。

18. 把凝固了的蛋糕底部放一个瓶子（瓶子高度要高于模具高度）。

19. 用吹风机吹模具周边。

20. 把模具往下按，就可以顺利脱模了。

21. 把蛋糕移放到垫片上（右手拿抹刀沿模具底托插入蛋糕底部，左手伸进蛋糕底部，托起整个蛋糕挪放）。

22. 用慕斯围边围住整个蛋糕，用消化饼干碎铺在蛋糕表面的一侧位置。

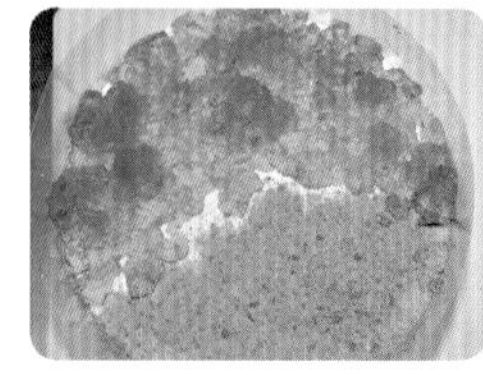

23. 把凝固好的雪碧用勺子刮碎，放在蛋糕表面，注意深浅过渡哟。

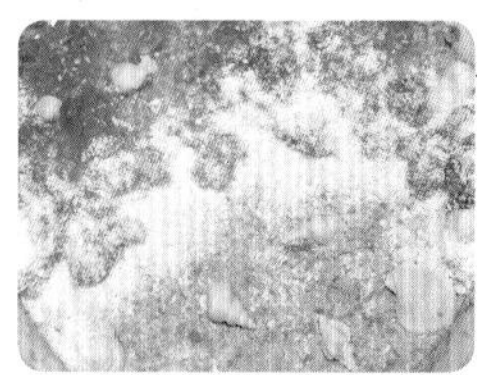

24. 用贝壳状巧克力做装饰，再撒些椰蓉就大功告成啦（贝壳状巧克力：白巧克力熔化挤入贝壳模具，冷冻至凝固就可以啦）。

MEIRENYUSHENGRIDANGAO

美人鱼生日蛋糕

好朋友兰兰有两个女儿，小女儿小名叫小鱼儿，小鱼儿人生的第一个生日蛋糕就是这款美人鱼蛋糕，希望小鱼儿的人生像海一样广阔……

◎ 原料 YUANLIAO

8 英寸酸奶戚风蛋糕 1 个
糖 8 克
天蓝色色素少许

第一次打发的淡奶油：
淡奶油 500 克
糖 20 克

第二次打发的淡奶油：
淡奶油 200 克
糖 8 克
可可粉 10 克

第三次打发的淡奶油：
淡奶油 200 克
糖 8 克
天蓝色色素少许

第四次打发的淡奶油：
淡奶油 200 克

配料：
巧克力膏少许
新鲜水果适量
奥利奥饼干 3 片
消化饼干 2 片
雪碧 200 克
吉利丁片1片（5克）
白巧克力少许
蓝色色素少许

花嘴、模具与装饰：
星星花嘴
扁形花嘴
贝壳模具
迷糊娃娃 1 个
（17 厘米高）

二狗妈妈碎碎念

1. 水果选用自己喜欢的新鲜水果就行。
2. 如果没有巧克力膏，可以用 30 克黑巧克力加 30 克淡奶油熔化使用。
3. 蛋糕侧面的水草实在不会画，可以省略不画，贴一些贝壳也可以的。
4. 白色贝壳巧克力做法：把白巧克力熔化挤入贝壳模具，冷冻至凝固。

◎ 做法 ZUOFA

1. 200 克雪碧加 1 片泡好的吉利丁片，小火加热至吉利丁熔化，用牙签挑蓝色色素，达到你满意的海水颜色，放入冰箱冷藏至凝固。

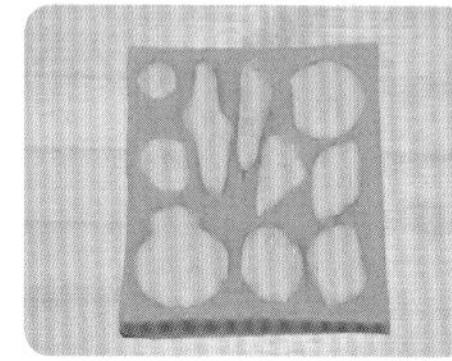

2. 白色巧克力熔化后挤在贝壳模具中，冰箱冷冻至凝固备用。

3. 1 个 8 英寸酸奶戚风蛋糕分成 3 片备用。

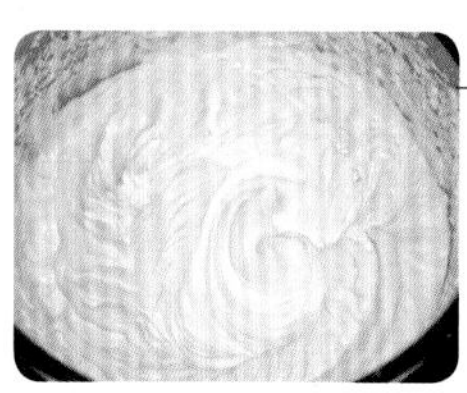

4. 500 克淡奶油加 20 克糖打发到稍软的状态。

5. 在蛋糕垫片上中间先抹一点儿奶油。

6. 把一片蛋糕片放在垫片中间，稍按压。

7. 抹一层奶油，摆上自己喜欢的水果。

8. 在水果上盖一层奶油。

9. 重复 6~8 的步骤后，盖上第三片蛋糕。

10. 用盆中剩余的奶油抹平表面（此步不需要非常平整），放入冰箱冷藏备用。

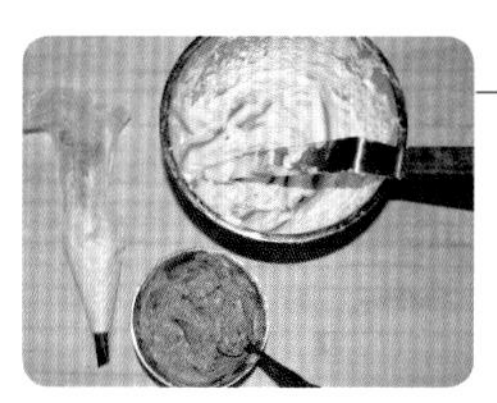

11. 奶油盆中再加入200克淡奶油和8克糖，打发至浓稠可裱花的状态，取出一点儿到碗中，加入10克左右的可可粉调匀，装入裱花袋冰箱冷藏备用，再取一点儿到装了扁形花嘴的裱花袋中，冰箱冷藏。

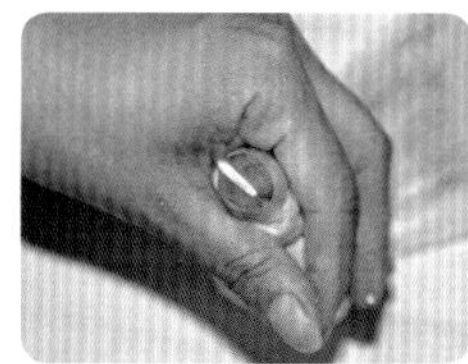

12. 我的扁形花嘴是这样的，其实花嘴形状大概是扁的就可以，不需要对花嘴要求非常严苛哟。

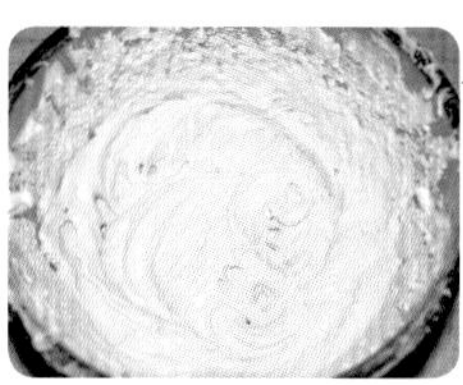

13. 接着我们在奶油盆中加入200克淡奶油和8克糖，1滴天蓝色色素，打发至比较顺滑的状态。

14. 用蓝色淡奶油把蛋糕整体抹平。

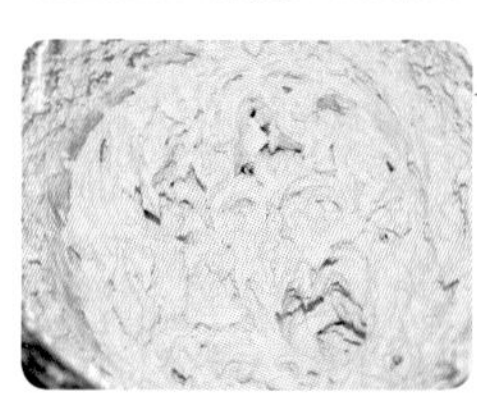

15. 奶油盆中放入200克淡奶油和8克糖，加2滴天蓝色色素，打发至浓稠可裱花的状态。

16. 用大号星星花嘴装入裱花袋，在蛋糕顶部和底边都挤一圈花纹（具体花纹随意哟）。

17. 2块奥利奥饼干中间切开后插入蛋糕右上角，再插1块饼干在这两块饼干的正后方。

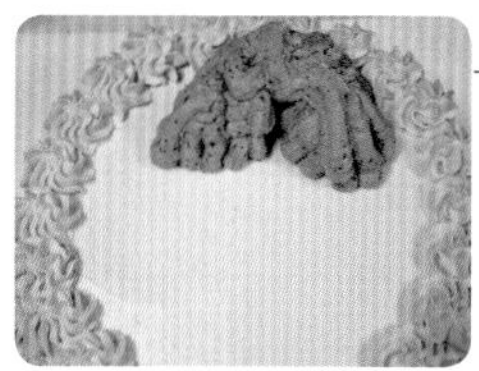

18. 用预留的咖啡色奶油把饼干盖住（此时非常难看，不要担心哟）。

19. 将一个17厘米高的迷糊娃娃洗干净并擦干水分，包紧保鲜膜。

20. 插入饼干前方。

21. 两块消化饼干碾碎后放在蛋糕上方区域。

22. 用预留的白色奶油挤出美人鱼的尾巴和胸衣。

23. 把之前用雪碧做的“海水”用勺子铲碎后放到蛋糕空白区域。

24. 把贝壳巧克力随意散放在蛋糕表面和礁石上，用巧克力膏在蛋糕侧面画出水草和小鱼就大功告成了。

XIGUADANGAO

西瓜蛋糕

7月，盛夏，我们单位的生日会如期举行，当月的寿星高达10位，而我也身在其中，为了表达对同事的爱，特意制作了这款蛋糕增加气氛，受到了大家的一致好评……好爱这个集体，好爱这个大家庭……

◎ 原料 YUANLIAO

8 英寸戚风蛋糕 2 片

慕斯部分：
西瓜肉 300 克
吉利丁片 5 片
淡奶油 400 克
糖 40 克
蔓越莓干若干

果冻部分：
西瓜汁 200 克
吉利丁片 1 片
巧克力少许

西瓜皮蛋糕：
鸡蛋 5 个
玉米油 40 克
牛奶 70 克
低筋面粉 85 克
糖 50 克
深绿色色素少许
翠绿色色素少许

配料：
打发的淡奶油约 200 克

模具：
8 英寸活底蛋糕模具
35 厘米 ×25 厘米长方形烤盘

二狗妈妈碎碎念

1. 熔化吉利丁片时，要用小火，边开火边搅拌，只要一熔化就关火，不要等到沸腾哟，不然会影响凝固效果。
2. 冷藏时间最好长一点儿，至少 4 小时以上，我冷藏一宿。
3. 西瓜皮蛋糕长度如果不太够，可以把慕斯蛋糕稍微削小一点儿哟。
4. 西瓜皮蛋糕修成长条时要注意宽度，比您的慕斯蛋糕宽 0.5 厘米就可以了。

◎ 做法 ZUOFA

1. 1 个 8 英寸酸奶戚风片出 2 片备用（每片厚约 1.5 厘米）。

2. 300 克西瓜肉，把西瓜子去除。

3. 加 5 片泡软的吉利丁片。

4. 小火加热至吉利丁熔化，放凉备用。

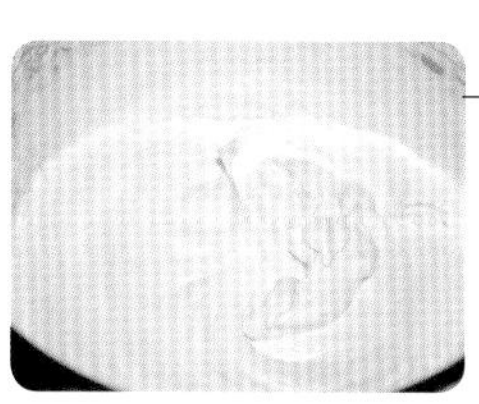

5. 400 克淡奶油加 40 克糖后打发至有纹路但还可以流动的状态。

6. 和西瓜糊混合。

7. 准备好 8 英寸活底蛋糕模具，先放一片蛋糕片，撒些蔓越莓干。

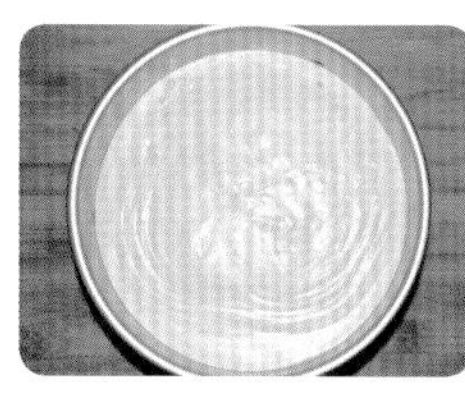

8. 倒入一半慕斯糊。

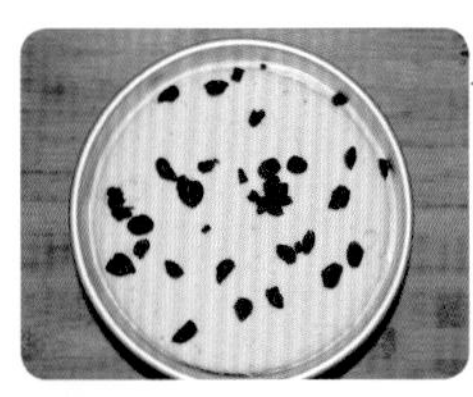

9. 把第二片蛋糕片放在慕斯糊上，稍压一下，撒蔓越莓干。

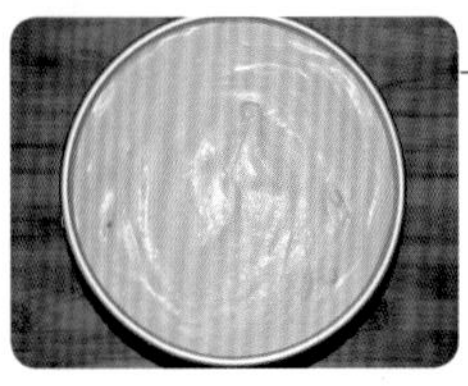

10. 再把剩余慕斯糊倒进去，抹平表面。

11. 送入冰箱冷藏，至少 4 小时以上至慕斯糊凝固。

12. 35 厘米 ×25 厘米长方形烤盘铺油布备用。

13. 将 5 个鸡蛋分开蛋清、蛋黄（蛋清盆中一定无油无水）。

14. 蛋黄盆中加入 40 克玉米油、70 克牛奶搅拌均匀。

15. 筛入 85 克低筋面粉搅拌均匀。

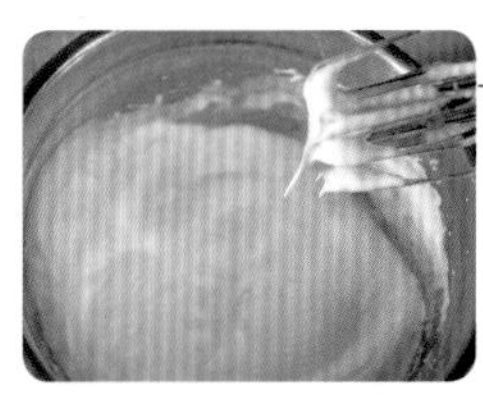

16. 蛋清盆中加入 50 克糖后打发至提起电动打蛋器，打蛋头上有个长一些的弯角。

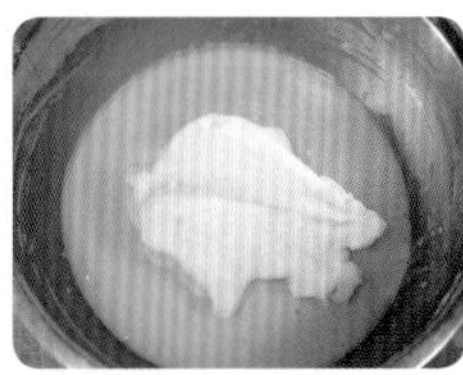

17. 挖一大勺蛋清到蛋黄盆中。

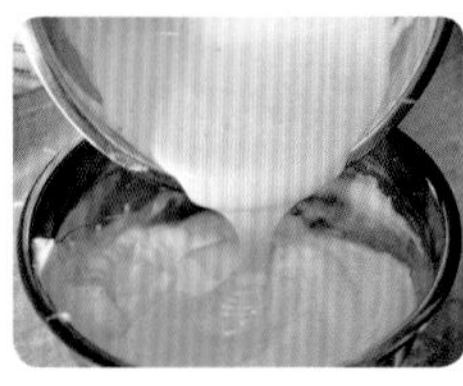

18. 翻拌均匀后倒入蛋清盆。

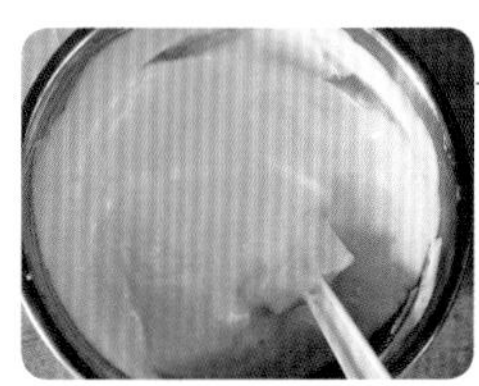

19. 翻拌均匀。

20. 把蛋糕面糊分成 3 份，其中有一份少些，加入一滴深绿色色素拌匀，另外一份加入翠绿色色素拌匀，还有一份白色面糊备用。

21. 用裱花袋装深绿色面糊，在烤盘上挤出几道花纹，放入烤箱中层，上下火，190 摄氏度烘烤 90 秒左右。

22. 再把翠绿色面糊倒入烤盘。

23. 抹平后送入烤箱中层，上下火，190 摄氏度烘烤 2 分钟左右。

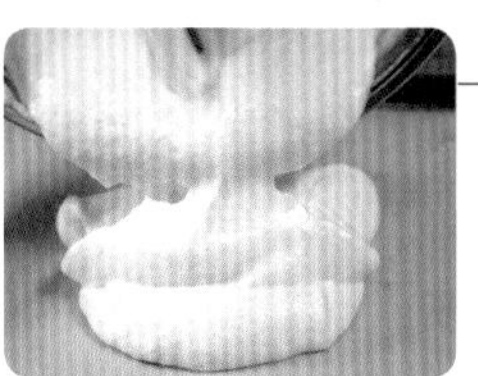

24. 再把白色面糊倒在绿色蛋糕上。

25. 抹平后放入烤箱中层，上下火，190 摄氏度 13 分钟左右。

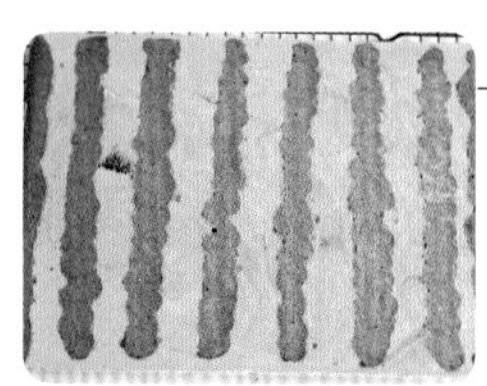

26. 出炉后凉透，翻面，撕去油布备用。

27. 200 克西瓜汁（300 克西瓜肉打碎过滤）加 1 片泡软的吉利丁片，小火加热至熔化后，倒入 8 英寸活底蛋糕模具中，冷冻至凝固。

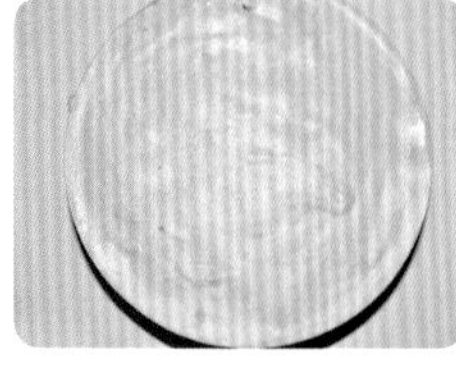

28. 把凝固的蛋糕脱模放在 10 英寸蛋糕垫片上。

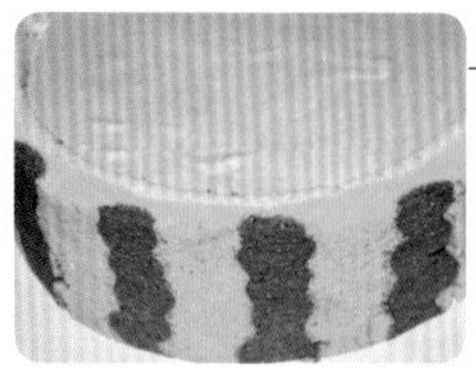

29. 把西瓜蛋糕片切成两条，用 200 克打发的淡奶油黏合在蛋糕周围。

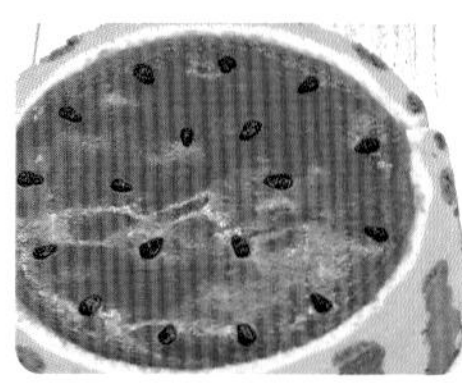

30. 把西瓜果冻摆在蛋糕中间，用巧克力挤出西瓜子，大功告成。

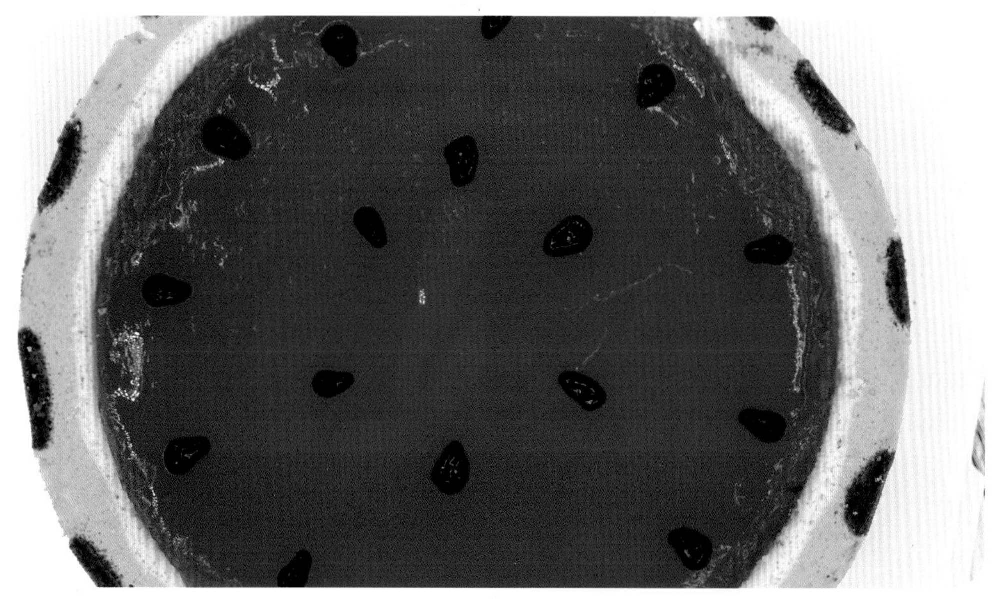

FANGZHENLIULIANSHENGRIDANGAO

仿真榴莲生日蛋糕

18岁的时候，我遇到这位姐姐，她是我的领导，对我却像姐姐一样温暖，她的50岁生日，我做了这款蛋糕，因为她爱吃榴莲……

◎ 原料 YUANLIAO

8 英寸酸奶戚风蛋糕 2 个

蛋糕夹层用淡奶油：
淡奶油 600 克
糖 22 克
榴莲肉适量

蛋糕表面用奶油霜：
无盐黄油 500 克
糖粉 60 克
淡奶油 200 克
榴莲肉 160 克
棕色色素少许
黄色色素少许

配料：
黑巧克力少许

需用工具：
喷枪

二狗妈妈碎碎念

1. 表面拔刺时要注意刺的走向，不用很整齐才会更逼真。
2. 如果没有喷枪，那就不用做最后一步，其实效果也不错哟。

◎ 做法 ZUOFA

1. 2 个 8 英寸酸奶戚风蛋糕叠放在一起。

2. 用刀修整出榴莲的大概样子。

3. 换个角度看是这样的。

4. 把蛋糕坯子中间片开，这个蛋糕一共有 4 层哟。

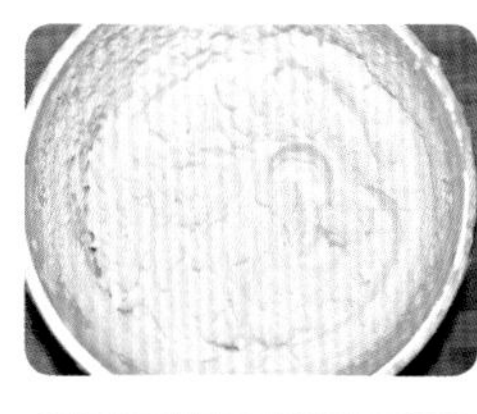

5. 600 克淡奶油加入 22 克糖，打发至浓稠状态。

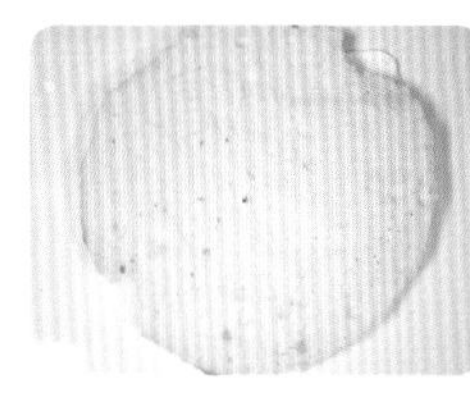

6. 10 英寸蛋糕垫片先抹一点儿打发好的淡奶油，放上倒数第一层蛋糕片。

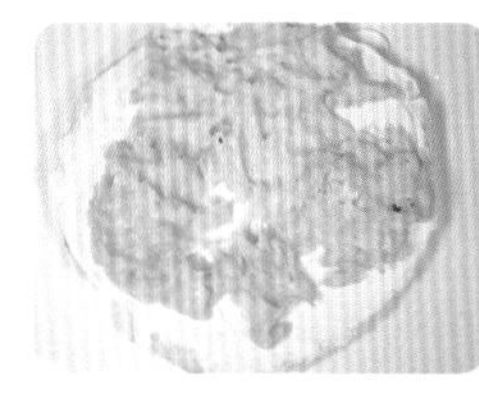

7. 把榴莲肉去核后直接铺在淡奶油上面（铺多少随您喜欢）。

8. 依次把每层蛋糕都抹奶油、铺榴莲肉，全部叠放好。

9. 用淡奶油把整个蛋糕抹好（不用抹得非常平整），送入冰箱冷藏备用。

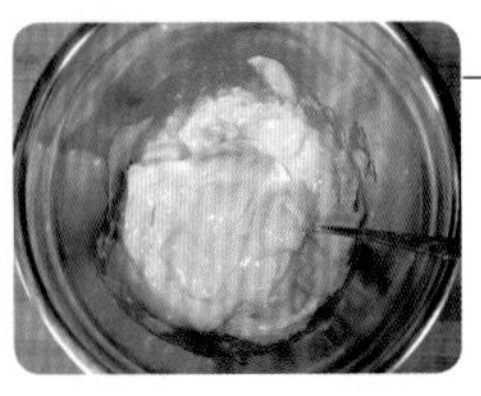

10. 500 克无盐黄油放入盆中，软化至用手能轻易戳洞的状态。

11. 加入 60 克糖粉。

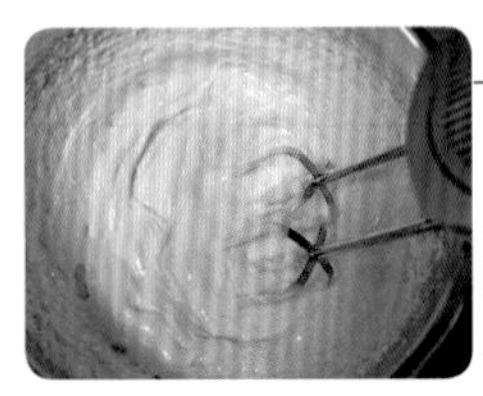

12. 用电动打蛋器打匀。

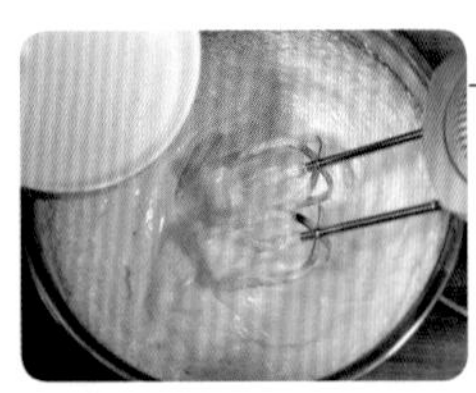

13. 200 克淡奶油分数次加入黄油中，每加一次都要打匀后再加入下一次（我大概分了 10 次）。

14. 淡奶油全部加入后的样子。

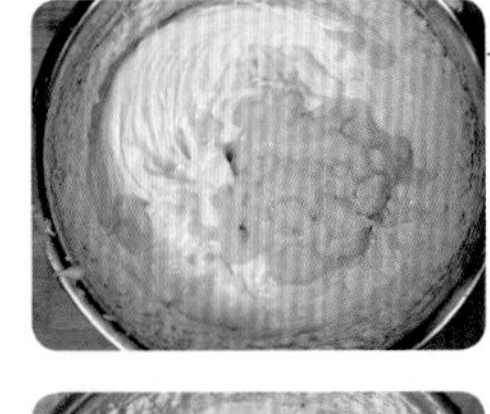

15. 加入 160 克打碎的榴莲肉。

16. 打匀后加入棕色和金黄色色素，调成榴莲壳的基本色。

17. 把奶油霜均匀抹在蛋糕外层（我先用裱花袋装奶油霜挤满蛋糕后，再用抹刀稍刮平）。

18. 再把奶油霜装入裱花袋，从底部开始不规则地拔出榴莲刺。

19. 注意顶部故意留个开口，伪造榴莲熟透自然开口的样子。

20. 用喷枪喷上棕色，用黑色巧克力做出榴莲把儿就大功告成了。

附录

彩绘图纸

本章节彩绘图纸上所绘制的图案是 CHAPTER 7 彩绘蛋糕卷中的图案，1 ：1 的实际尺寸，您可以复印到 A4 纸上使用，没有复印机，您可以用 A4 纸盖在图案上，拓印下来就可以啦！

制作方法见 P118“小黄人蛋糕卷”

嫩黄色

制作方法见 P122“圣诞老人蛋糕卷”

翠绿色

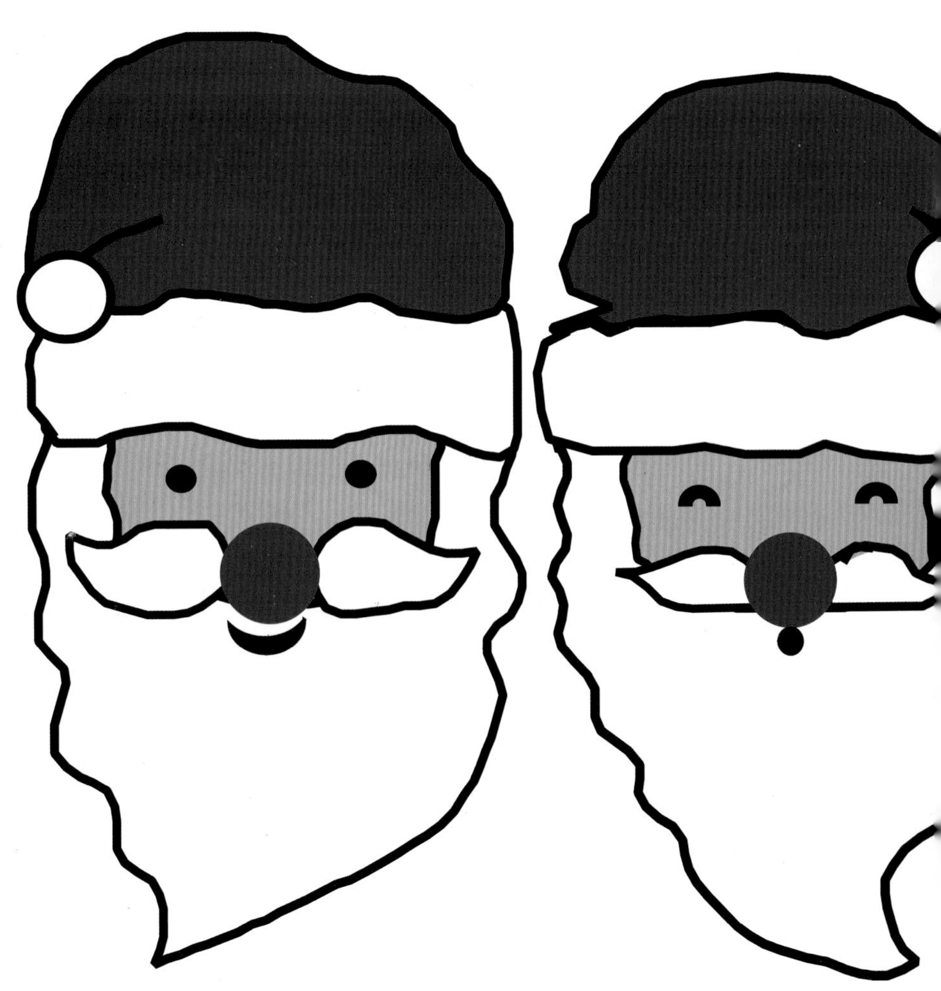

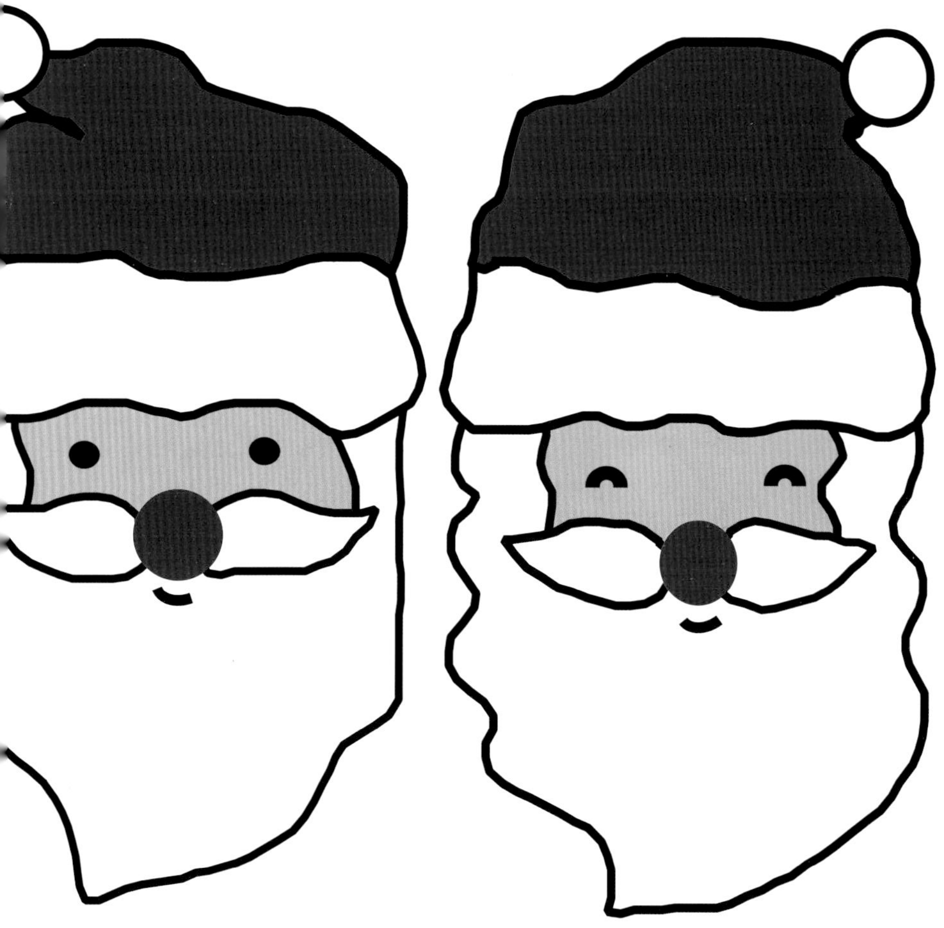

制作方法见 P125 “愤怒的小鸟蛋糕卷”

大红色

制作方法见 P128“绿猪彩绘蛋糕卷”

翠绿色

制作方法见 P131“机器猫蛋糕卷”

天蓝色

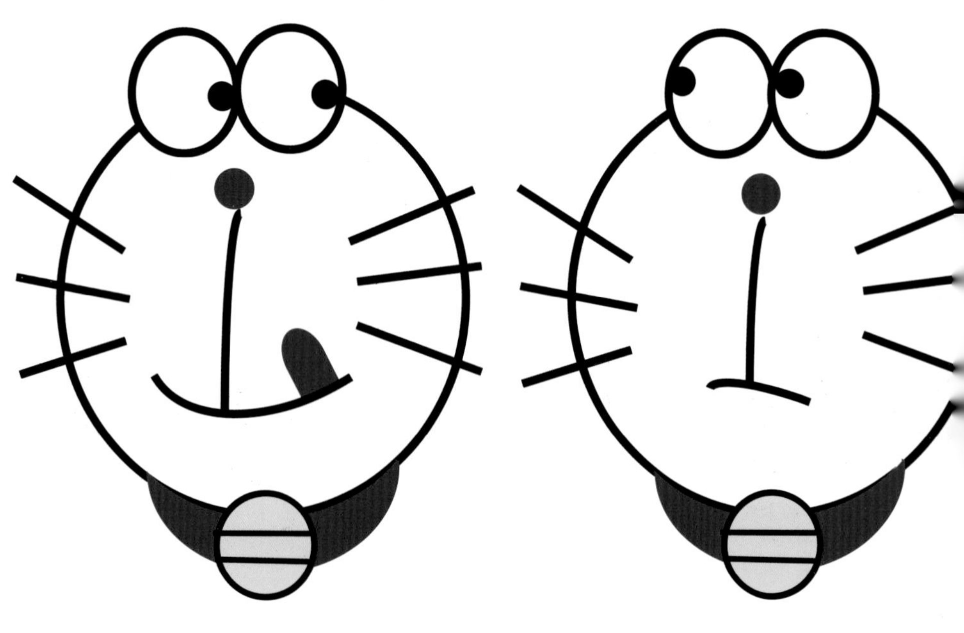

制作方法见 P134“龙猫蛋糕卷”

黑芝麻面糊

制作方法见 P137“福多多蛋糕卷”

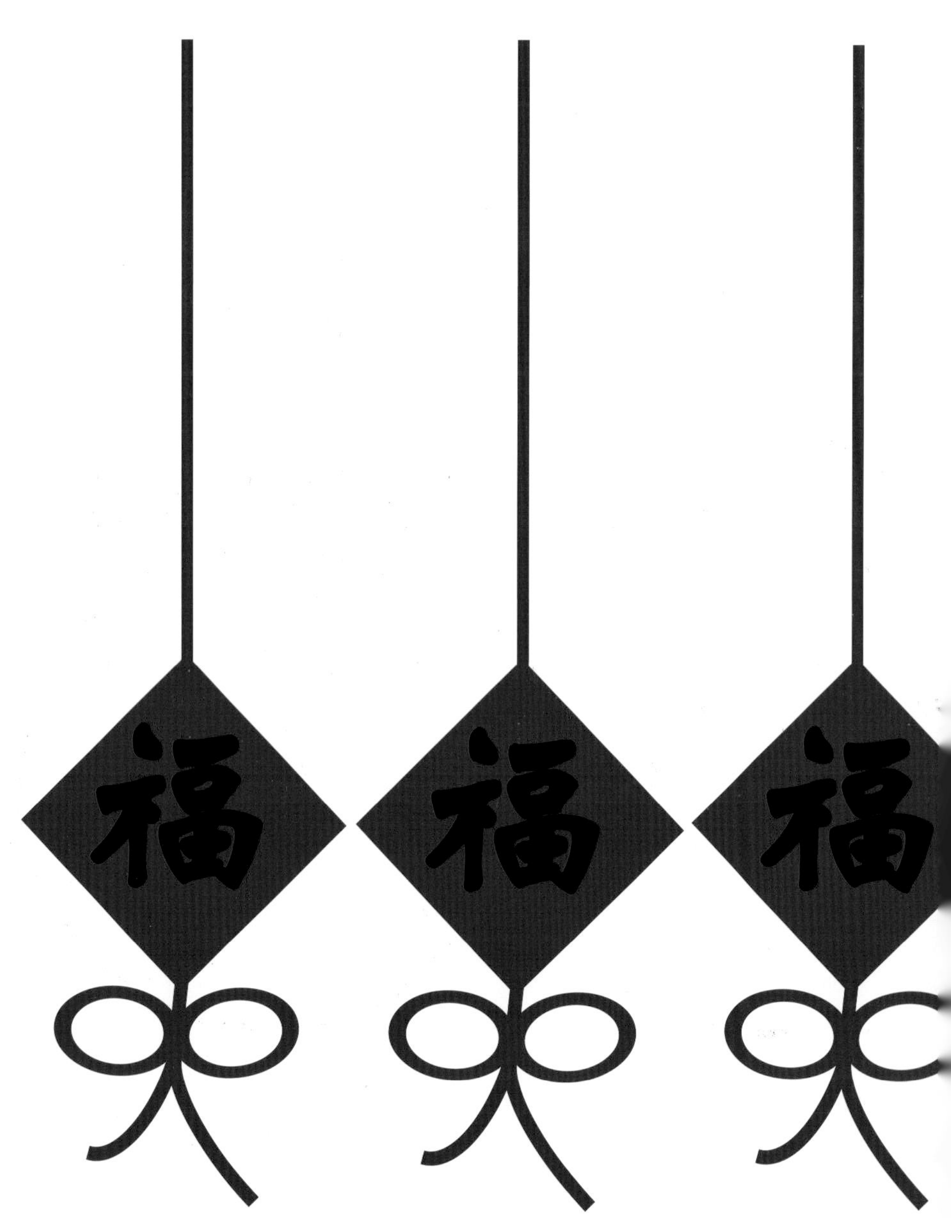

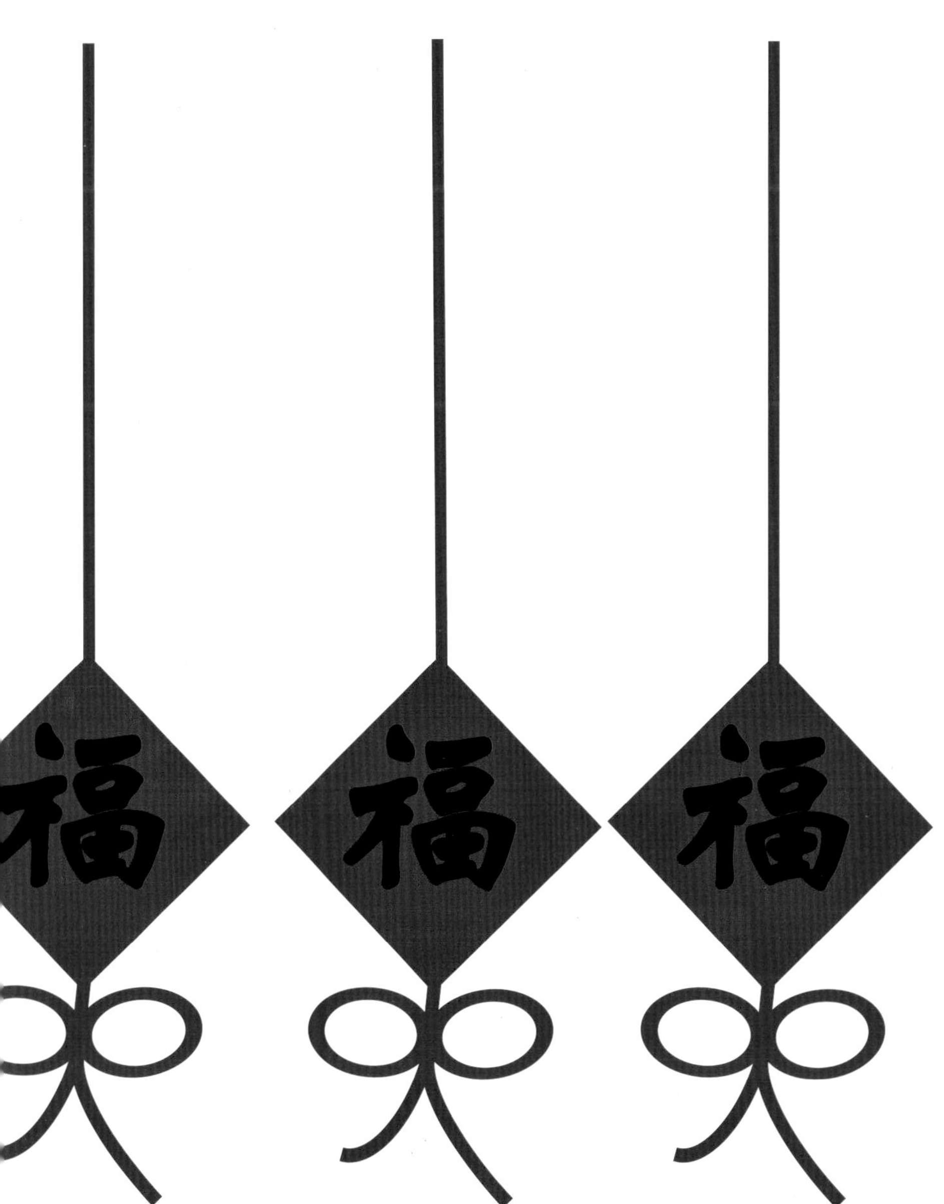
福
福
福

本图案因篇幅所限，与实际尺寸比例为 1：2，如需复印使用，请放大一倍！

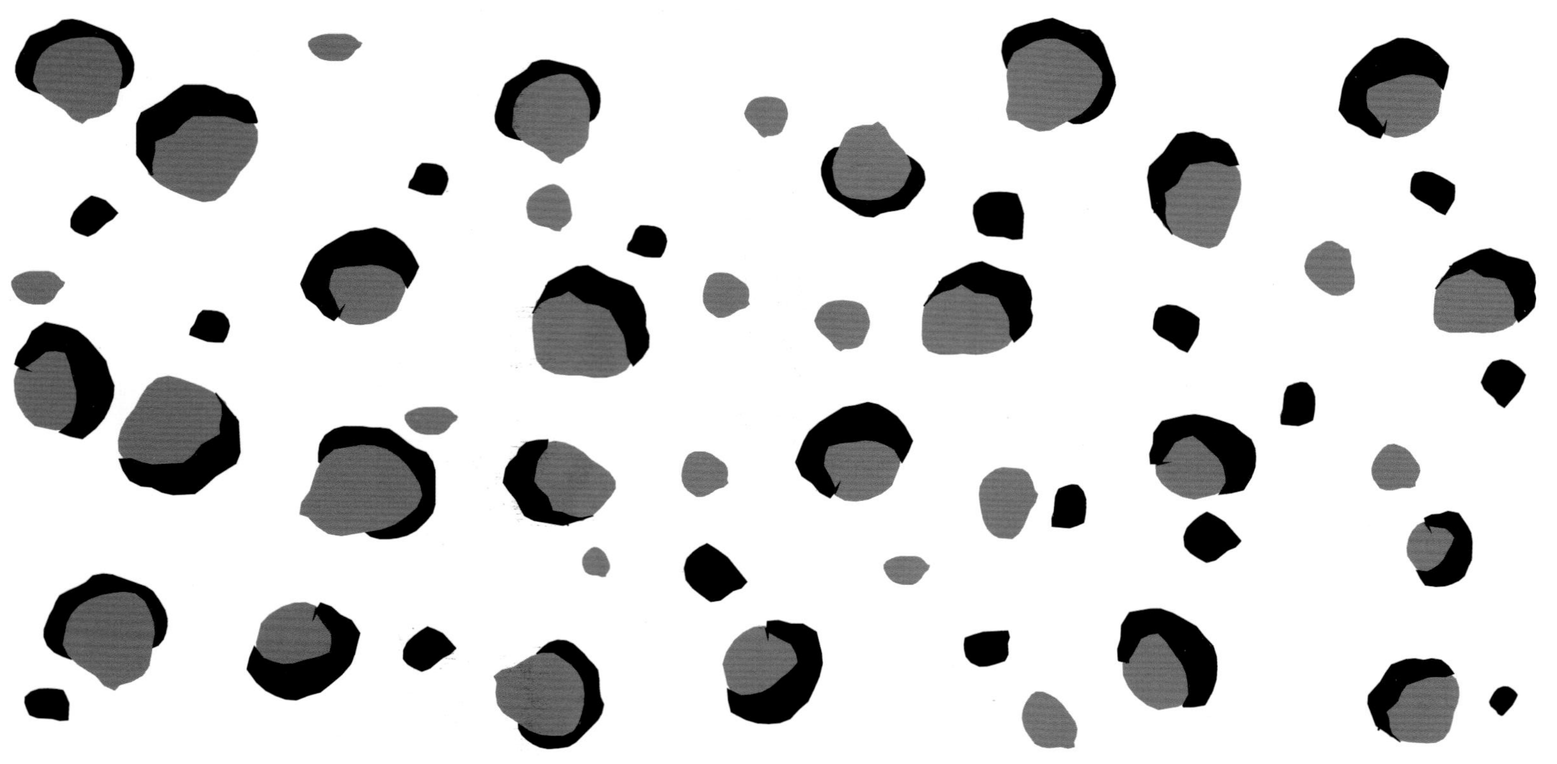